"十四五"时期国家重点出版物出版专项规划项目

"中国山水林田湖草生态产品监测评估及绿色核算"系列丛书

王 兵 ■ 总主编

江西省资溪县生态空间绿色核算与碳中和研究

刘学东 王 兵 揭昌亮 牛 香
罗晓敏 李慧杰 毛 瑢 姜 艳 等 ■ 著

中国林业出版社
China Forestry Publishing House

审图号：抚州 S（2024）004 号
地图编制单位：江西省国土空间调查规划研究院
地图编辑：刘锬　魏悦

图书在版编目（CIP）数据

江西省资溪县生态空间绿色核算与碳中和研究 / 刘学东等著． -- 北京 : 中国林业出版社 ， 2024.7
（"中国山水林田湖草生态产品监测评估及绿色核算"系列丛书）
ISBN 978-7-5219-2664-4

Ⅰ．①江… Ⅱ．①刘… Ⅲ．①生态经济－经济核算－研究－资溪县 Ⅳ．① F127.564

中国国家版本馆 CIP 数据核字 (2024) 第 066771 号

策划编辑：于界芬　于晓文
责任编辑：于晓文

出版发行	中国林业出版社（100009，北京市西城区刘海胡同 7 号，电话 010-83143549）
电子邮箱	cfphzbs@163.com
网　　址	https://www.cfph.net
印　　刷	河北京平诚乾印刷有限公司
版　　次	2024 年 7 月第 1 版
印　　次	2024 年 7 月第 1 次印刷
开　　本	889mm×1194mm　1/16
印　　张	10.5
字　　数	240 千字
定　　价	98.00 元

《江西省资溪县生态空间绿色核算与碳中和研究》著者名单

项目完成单位：
江西马头山国家级自然保护区管理局
中国林业科学研究院森林生态环境与自然保护研究所
中国森林生态系统定位观测研究网络（CFERN）

项目首席科学家：
王　兵　中国林业科学研究院森林生态环境与自然保护研究所

项目组成员（按姓氏笔画排序）：

丁鸿祥	王　兵	王　南	王以惠	王克达	牛　香	毛　瑢
方凤珠	孔　亭	石　强	占　中	卢颖颖	叶子豪	朱俊宇
刘　润	刘　祯	刘学东	孙培军	许庭毓	李　浪	李　珺
李　敏	李慧杰	李婉婷	吴淑琴	张建勇	张建根	陈　伟
陈孝斌	陈振武	陈　曦	邱晓涵	邵湘林	宋庆丰	宋嫣然
寿　烨	杨　璐	范少辉	罗　冲	罗　瀚	罗家妮	罗晓敏
周　阳	周　唯	周志波	周恩人	郑　波	郑　强	郑享祥
姜　艳	胡进盼	胡陇伟	胡根秀	胡晓丽	饶亚卉	饶源中
祝　钰	涂运健	高云峰	郭　珂	郭雅君	黄　殷	曹俊林
曹　㴐	龚景春	程义杰	韩舒羽	雷宇驰	詹晓武	熊　宇
魏浩华	廖梦婷					

编写组成员（按姓氏笔画排序）：

万松泽	王　兵	牛　香	毛　瑢	方凤珠	孔　亭	石福习
卢颖颖	叶子豪	朱俊宇	刘　祯	刘学东	李　珺	李慧杰
杨　凡	张　扬	张　露	张建根	陈振武	陈慧敏	罗　冲
罗晓敏	周　唯	胡陇伟	胡根秀	胡晓丽	姜　艳	涂运健
曹俊林	揭昌亮	程义杰	廖梦婷	熊　宇		

特别提示

1. 生态空间是指具有自然属性，以提供生态服务或生态产品为主体功能的国土空间，包括森林、草原、湿地、河流、湖泊、滩涂、岸线、荒地、荒漠、戈壁、冰川、高山冻原、无居民海岛等。本研究所指的生态空间主要包括森林、湿地和草地生态系统。

2. 基于生态空间生态系统连续观测与清查体系，开展资溪县生态空间绿色核算与碳中和研究，包括高阜镇、高田乡、鹤城镇、马头山镇、石峡乡、嵩市镇和乌石镇7个乡镇。

3. 评估所采用的数据源包括：①资溪县森林、湿地、草地资源调查更新数据。按照《自然资源调查监测体系构建总体方案》的框架，资溪县森林、湿地、草地资源调查更新数据与第三次全国国土调查数据对接融合得到的资源数据。②生态系统生态连清数据集。资溪县境内及周边陆地生态系统野外科学观测研究站和长期定位观测研究站的长期监测数据。③社会公共数据集。国家权威部门、江西省及资溪县公布的社会公共数据。

4. 依据国家标准《森林生态系统服务功能评估规范》(GB/T 38582—2020)、林业行业标准《湿地生态系统服务评估规范》(LY/T 2899—2017) 以及《草原生态评价技术方案》，按照支持服务、调节服务、供给服务和文化服务四大服务类别，保育土壤、植被养分固持、涵养水源、固碳释氧、净化大气环境与降解污染物、生物多样性与栖息地保护、提供产品、湿地水源供给和生态康养9项功能类别对资溪县生态空间生态产品进行核算。

5. 当现有的野外观测值不能代表同一生态单元同一目标林分类型的结构或功能时，为更准确获得这些地区生态参数，引入森林生态系统服务修正系数，以反映同一林分类型在同一区域的真实差异。

凡是不符合上述条件的其他研究结果均不宜与本研究结果简单类比。

前 言

生态是江西省资溪县最宝贵的财富、最独特的优势、最靓丽的名片。近年来，资溪县深入贯彻落实习近平生态文明思想，积极践行"两山"理念，始终坚持绿色生态是资溪最大财富、最大优势、最大品牌，全力做好"治山理水、显山露水"，不断提升"绿水青山"颜值、挖掘"金山银山"价值，逐渐走出一条经济发展与生态文明建设相辅相成、相得益彰的发展新路。资溪县先后荣获国家重点生态功能区、国家生态文明建设示范县、首批国家森林康养基地、国家生态综合补偿试点县、国家绿水青山就是金山银山实践创新基地、首批江西省生态产品价值实现示范基地、首批省级生态文明教学实践创新基地等荣誉，其"两山"转化的经验在联合国《生物多样性公约》第十五次缔约方大会上进行交流分享。

资溪县，地处江西省东部，位于龙虎山和武夷山两大世界级风景名胜区之间，属中亚热带湿润季风气候，气候温和，四季分明，自然环境保护完好，群山连绵，河溪遍布。珍稀动植物种类繁多，被誉为"动植物基因库"，享有"纯净资溪"的美誉。全县林地总面积167万亩，活立木蓄积量约1000万立方米，有南方红豆杉、银杏、江南油杉等珍稀树种57科150种，毛竹总株数近1亿株，是江西省首个"中国特色竹乡"，也是江西省重点林业县之一。

党的十八大以来，习近平总书记曾三次踏上江西这片红土地。2023年10月，习近平总书记第三次在江西考察时进一步强调要坚定不移走生态优先、绿色发展之路，推动全面绿色转型，打造生态文明建设高地，赋予了江西生态文明建设新使命新方位。2024年1月，江西省十四届人大二次会议表决通过《江西省人民代表大会关于全力打造国家生态文明建设高地的决定》（简称《决定》），是全国首个省级人民代表大会作出决定推进生态文明建设。资溪县是江西著名的"生态大县"，是江西首个提出"生态立县"发展战略县，始终将践行生态文明理念贯穿于经济社会发展全过程，成为国家第一批生态产品价值实现机制试点地区之一，近年来将生态产品价值实现机制试点上升为推动全县经济社会发展的总引擎，依托生态区位、环境质量和资源禀赋等特点，架起了绿水青山就是金山银山的"两山银行"的桥梁，试点乡镇及试点村的生态产品价值核算试点已经逐步展开，形成了具有资溪特色、可以复制推广的生态产品价值实现的经验和做法，为进一步探索资溪县生态产品价值实现路径奠定了坚实的基础。为进一步客观、动态、科学地评估资溪县森林、湿地、草地生态空间生态产品价值，精确量化三大生态系统生态产品的物质量和价值量，提升林业在资溪县国民经济和社会发展中地位，资溪县在全省率先创建"两山银行"，牵头制定了江西省地方标准《"两山"转化中心运行管理规范》并发布，"两山"转化工作成效显著；同时将"双碳"路径探索写入县第十五次党代会报告，制定《资溪县关于完整准确全面贯彻新发展理念做好碳达峰碳中和工作的实施意见》，建立健全"双碳"政策制度体系，形成符合资溪实际的"双碳"目标和实现路径。

2022年3月，习近平总书记在首都参加义务植树活动时强调：森林是水库、钱库、粮库，现在应该再加上一个"碳库"。森林和草原对国家生态安全具有基础性、战略性作用，林草兴则生态兴。现在，我国生态文明建设进入了实现生态环境改善由量变到质变的关键时期。我们要坚定不移贯彻新发展理念，坚定不移走生态优先、绿色发展之路，统筹推进山水林田湖草沙一体化保护和系统治理，科学开展国土绿化，提升林草资源总量和质量，巩固和增强生态系统碳汇能力，为推动全球环境和气候治理、建设人与自然和谐共生的现代化作出更大贡献。

为深入落实习近平生态文明思想，全面贯彻党的二十届二中全会精神，统筹推进山水林田湖草沙一体化保护和修复，服务碳达峰碳中和战略，进一步提升森林、湿地、草地资源及生态状况综合监测评价中生态系统监测和评价分析能力，国家林业和草原局发布了《关于开展国家林草生态综合监测评价工作的通知》，决定开展国家林草生态综合监测评价工作，并制定了林草生态综合监测评价体系以及技术方案和技术规程，为进一步掌握国家林草生态状况，为生态文明建设提供更加科学精准翔实的决策依据。这是用系统观念推进山水林田湖草沙综合治理、实施碳达峰碳中和战略和推动林草工作高质量发展的基础性工作。

2021年10月，国家林业和草原局发布"国家林草生态综合监测站"遴选名单，全国40个野外科学观测研究站成功入选。国家林草生态综合监测的实践与生态产品核算紧密相连，森林生态产品核算基于 4 项国家标准《森林生态系统长期定位观测研究站建设规范》（GB/T 40053—2021）、《森林生态系统定位观测指标体系》（GB/T 35377—2017）、《森林生态系统长期定位观测方法》（GB/T 33027—2016）和《森林生态系统服务功能评估规范》（GB/T 38582—2020），并应用森林生态系统服务连续观测与清查技术（简称"森林生态连清"）。森林生态连清技术依托 CFERN 实现了森林生态功能的全面监测，森林生态系统定位观测站的建立有利于实现林草生态监测数据统一采集、统一处理、综合评价，形成统一时点的林草生态综合监测评价成果，支撑林草生态网络感知系统，服务林草资源监管、林长制督查考核以及碳达峰碳中和战略。

目前，碳中和问题成为政府和社会大众关注的热点。在实现碳中和的过程中，除了提升工业碳减排能力外，增强生态系统碳汇功能也是主要的手段之一，森林作为陆地生态系统的主体必将担任重要的角色。但是，由于碳汇方法学上的缺陷，我国森林生态系统碳汇能力被低估。为此，王兵研究员提出了森林全口径碳汇，即森林全口径碳汇 = 森林资源碳汇（乔木林 + 竹林 + 特灌林）+ 疏林地碳汇 + 未成林造林地碳汇 + 非特灌林灌木林碳汇 + 苗圃地碳汇 + 荒山灌丛碳汇 + 城区和乡村绿化散生林木碳汇。第三期中国森林资源核算得出，我国森林全口径碳汇每年达 4.34 亿吨碳当量，相当于中和了 2018 年工业碳排放量的 15.91%，且近 40 年来我国森林全口径碳汇量相当于中和了 1978—2018 年全国工业碳排放量的 21.55%。森林全口径碳汇可起到显著的碳中和作用，对于生态文明建设整体布局具有重大的推进作用。

在我国生态安全战略格局建设的大形势下，精准量化绿水青山生态建设成效，科学评估金山银山生态产品价值，是深入贯彻和践行"两山"理念的重要举措和当务之急。生态功能评估的精准化、生态效益补偿的科学化、生态产品供给的货币化是实现绿水青山向金山银山转化的必由之路。为更好地践行习近平总书记提出的"两山"理念和"3060"碳达峰碳中和战略目标，以及绿色发展理念，积极推动生态文明建设，资溪县以境内及周边陆地生态系统野外科学观测研究站和长期定位观测研究站的长期监测数据为技术依托，结合其森林、湿地、草地资源的实际情况，基于资溪县森林、湿地、草地资源调查更新数据与第三次全国国土调查数据对接融合得到的资源数据，以国家标准《森林生态系统服务功能评估规范》（GB/T 38582—2020）、林业行业标准《湿地生态系统服务评估规范》（LY/T 2899—2017）以及《草原生态评价技术方案》为依据，采用分布式测算方法，按照支持服务、调节服务、供给服务和文化服务四大服务类别，保育土壤、植被养分固持、涵养水源、固碳释氧、净化大气环境与降解污染物、生物多样性与栖息地保护、提供产品、湿地水源供给和生态康养共9项生态系统服务功能对资溪县生态空间生态产品及森林全口径碳中和进行核算。评估结果显示：资溪县2020年生态空间总价值量为103.38亿元；其中，森林生态系统为103.24亿元，草地生态系统为854.10万元，湿地生态系统为565.86万元。支持服务10.00亿元/年、调节服务58.66亿元/年、供给服务23.94亿元/年、文化服务10.78亿元/年；另外，资溪县森林全口径碳中和量（碳当量）为39.29万吨/年，相当于中和了2020年资溪县碳排放量的3.78倍，显著发挥了森林碳中和作用。

　　本研究用翔实的数据为人与自然和谐共生的现代化，推进中华民族伟大复兴提供了数据支撑，诠释了"绿水青山就是金山银山"理念，对于"绿水青山"的保护和建设进一步扩大了"金山银山"体量，生态效益得以持续稳定地发挥，改善了区域生态环境，增强了森林"四库"功能，极大地提升了区域生态承载力，为资溪县生态保护和高质量战略的实施筑起了一道绿色屏障，对推进新时代社会主义生态文明建设提供了良好生态条件。了解了资溪县生态系统服务的变化和特点，就能为该区域的生态系统管理、重点区域生态保护和修复等提供科学依据和技术支撑。

著　者
2024年6月

目 录

前 言

第一章　资溪县生态空间生态连清技术体系
第一节　野外观测连清体系 …………………………………………… 3
第二节　分布式测算评估体系 ………………………………………… 7

第二章　资溪县生态空间资源概况
第一节　森林资源概况 ………………………………………………… 45
第二节　湿地资源概况 ………………………………………………… 54
第三节　草地资源概况 ………………………………………………… 57

第三章　资溪县生态空间绿色核算结果
第一节　生态空间绿色核算 …………………………………………… 61
第二节　生态空间生态产品绿色核算 ………………………………… 68
第三节　森林生态产品绿色核算 ……………………………………… 76
第四节　湿地生态产品绿色核算 ……………………………………… 92
第五节　草地生态产品绿色核算 ……………………………………… 98

第四章　资溪县森林全口径碳中和
第一节　森林全口径碳中和理论和方法 ……………………………… 107
第二节　森林全口径碳中和评估 ……………………………………… 113

第五章　资溪县生态产品价值化实现
第一节　生态产品价值化实现理论 …………………………………… 119
第二节　基于不同交易路径的林业碳汇开发潜力监测计量与评估 … 125
第三节　生态产品价值化实现的生态学路径设计 …………………… 131
第四节　生态产品价值化实现的促进措施 …………………………… 136

参考文献············141

附 表

表1 联合国政府间气候变化专门委员会（IPCC）
推荐使用的生物量转换因子（*BEF*）············149

表2 不同树种组单木生物量模型及参数············149

附 件

植绿正当时，习近平强调绿色发展是我国发展的重大战略············150

保护好来之不易的草原、森林，习近平强调坚持系统理念············152

中国林业产业联合会生态产品监测评估与价值实现专业委员会上的讲话········153

第一章
资溪县生态空间生态连清技术体系

森林、湿地和草地等生态系统为主体构成的生态空间为人类生存提供各种各样的生态产品，在生态文明建设中发挥着重要作用。在我国生态安全战略格局建设的大形势下，精准量化资溪县生态空间生态产品价值，摸清资溪县生态空间生态产品状况、功能效益，是深入贯彻落实"两山"理念，用系统观念推进山水林田湖草沙综合治理，实现"3060"碳达峰碳中和战略目标，推动资溪县生态文明建设及其高质量发展的重要任务。

> 生态空间：是指具有自然属性，以提供生态服务或生态产品为主体功能的国土空间，包括森林、草原、湿地、河流、湖泊、滩涂、岸线、荒地、荒漠、戈壁、冰川、高山冻原、无居民海岛等，本研究所指的生态空间主要包括森林、湿地、草地生态系统。

生态产品中的"产品"一词在现代汉语词典中被解释为"生产出来的物品"。生态产品概念首次被提出是在 2010 年国务院发布的《全国主体功能区规划》中，被定义为："维系生态安全、保障生态调节功能、提供良好人居环境的自然要素，包括清新的空气、清洁的水源和宜人的气候等。"生态产品同农产品、工业品和服务产品一样，都是人类生存发展所必需的。此时生态产品概念的提出仅仅是为我国制定主体功能区规划提供重要的科学依据和基础，其目的是解决国土空间优化问题。

曾贤刚等（2014）认为生态产品是指维持生命支持系统、保障生态调节功能、提供环境舒适性的自然要素，包括干净的空气、清洁的水源、无污染的土壤、茂盛的森林和适宜的气候等。孙庆刚等（2015）认为生态产品本身是自然的产物，并不是人类生产或创造的，但从人类需求的角度观察，该类产品又是不可或缺的，与物质产品、文化产品一起构成支撑现代人类社会生存和发展的三大类产品。鉴于"生态产品"的两种概念具有完全不同的内涵与外延，经济学属性差别较大，其建议今后学术研究中对所提到的生态产品必须明确界定其涵义。

高晓龙等（2020）通过对生态产品价值实现的相关研究进行综述后认为，生态系统调节服务是狭义上的生态产品，而广义上的生态产品则是具有正外部性的生态系统服务，包括生态有机产品、调节服务、文化服务等。自然资源部有关部门认为，能够增进人类福祉的产品和服务来源于自然资源生态产品和人类的共同作用，这就是生态产品概念的内涵和外延（张兴等，2020）。王金南等（2021）将生态产品定义为生态系统通过生态过程或与人类社会生产共同作用为增进人类及自然可持续福祉提供的产品和服务。张林波等（2021）将生态产品定义为"生态系统生物生产和人类社会生产共同作用提供给人类社会使用和消费的终端产品或服务，包括保障人居环境、维系生态安全、提供物质原料和精神文化服务等人类福祉或惠益，是与农产品和工业产品并列的、满足人类美好生活需求的生活必需品"。与上述已有生态产品的定义相比，该研究对生态产品概念的定义具有 3 个鲜明的特点：①将生态产品定义局限于终端的生态系统服务；②明确了生态产品的生产者是生态系统和人类社会；③明确了生态产品含有人与人之间的社会关系。

上述关于生态产品的定义均是基于《全国主体功能区规划》中生态产品定义发展而来，相关定义中，张林波等（2021）对生态产品的定义较为清晰，但是其定义的生态产品所涵盖的内容范围小于生态系统服务，只是生态系统服务中直接对人类社会有益、直接被人类社会消费的服务和产品，不包含生态系统服务中的支持服务、间接过程和资源存量。由此看来，该定义与本研究中生态产品所指范围不相符，其余研究者对生态产品的定义也大都未将生态系统四大服务都包含在内。鉴于此，参考以上生态产品定义和国家标准 GB/T 38582—2020 中"森林生态产品"定义，结合本研究内容，定义生态产品。

> **生态产品**：是指人类从生态空间中获得的各种惠益，本研究具体指由构成生态空间的森林、湿地、草地生态系统提供的供给服务、调节服务、文化服务和支持服务所形成的产品。

生态连清技术体系可以为资溪县生态空间生态产品的精准核算提供科学依据。生态连清技术体系是采用长期定位观测技术和分布式测算方法，依托生态系统长期定位观测网络，连续对同一生态系统进行全指标体系观测与清查，获取长期定位观测数据，耦合生态空间森林、湿地、草地资源数据，形成生态空间生态产品绿色核算体系，以确保生态空间生态产品绿色核算的科学性、合理性和精准性。

资溪县生态空间生态产品监测与评估基于资溪县生态空间生态产品连续观测与清查体系（简称"生态连清体系"）（图 1-1），是指以生态地理区划为单位，资溪县境内及周边陆地生态系统野外科学观测研究站和长期定位观测研究站为依托，与资溪县森林、湿地、草地资源更新数据相耦合，对资溪县生态空间生态产品进行全指标、全周期、全口径观测与评估。

资溪县生态空间生态产品连清技术体系由野外观测连清体系和分布式测算评估体系两部分

组成，生态空间生态产品连清技术体系的内涵主要反映在这两大体系中。野外观测连清体系包括观测体系布局、观测站点建设、观测标准体系和观测数据采集传输系统，是数据保证体系，其基本要求是统一测度、统一计量、统一描述。分布式测算评估体系包括分布式测算方法、测算评估指标体系、数据源耦合集成、生态系统服务修正系数和评估公式与模型包，是精度保证体系，可以解决生态空间异质性交错、生态功能结构复杂、生态产品类型多样以及生态状况变化多端导致的测算精度难以准确到全生态空间、全口径、全周期、全指标的最前沿科学问题。

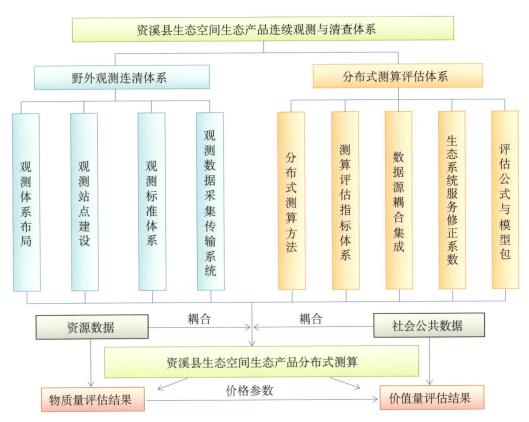

图 1-1　资溪县生态空间生态产品连续观测与清查体系框架

第一节　野外观测连清体系

一、观测体系布局与建设

野外观测是构建资溪县生态产品生态连清体系的重要基础，为了做好这一基础工作，需要考虑如何构架观测体系布局。陆地生态系统定位观测研究站与资溪县及周边各类森林、湿地、草地监测点作为资溪县生态空间生态产品监测的两大平台，在建设时坚持"统一规划、统一布局、统一建设、统一规范、统一标准、资源整合、数据共享"原则。

生态空间监测站网布局是以典型抽样为指导思想，以水热分布和立地条件为布局基础，选择具有典型性、代表性和层次性明显的区域完成森林、湿地、草地生态站网布局。例如，森林生态站网布局，首先，依据《中国森林区划》（吴中伦，1997）和《中国生态地理区域系统研究》（郑度，2008）两大区划体系完成资溪县森林生态区划，并将其作为森林生态站网布局的基础。其次，将资溪县境内属于国家重点生态功能区、国家生态屏障区、生物多样性保护优先区、全国重要生态系统保护和修复重大工程区的区域作为森林生态站的重点布局区域（郭慧，2014）。最后，将资溪县森林生态区划和重点森林生态站布局区域相结合布局森林生态站，确保每个生态区内至少有一个森林生态站。此外，森林生态分区内如有国家重点生态功能区、国家生态屏障区、生物多样性保护优先区、全国重要生态系统保护和修复重大工程区，则优先布局森林生态站。

> 森林生态系统定位观测研究站（简称"森林生态站"）是通过在典型森林地段、建立长期观测点与监测样地，对森林生态系统的组成、结构、生产力、养分循环、水循环和能量利用等在自然状态下或某些人为活动干扰下的动态变化格局与过程进行长期定位观测，阐明森林生态系统发生、发展、演替的内在机制和自身的动态平衡，以及参与生物地球化学循环过程的长期定位观测站点。

资溪县所属生态区位于华东南丘陵低山常绿阔叶林及马尾松黄山松（台湾松）毛竹杉木林中亚热带湿润区，本区地理位置为北纬24°13′～30°20′、东经114°17′～121°37′。气候类型为中亚热带湿润气候，年平均气温为16.5～17.5℃，年降水量为1400～1700毫米，地貌地形为丘陵盆地类型，土壤类型为冲积土、黄壤、红壤。东北部是典型常绿阔叶林的分布地区，其组成种类北部以甜槠（*Castanopsis eyrei*）、木荷（*Schima superba*）为代表，伴生种类有绵石栎（*Lithocarpus litseifolius*）、红楠（*Machilus thunbergii*）、枫香树（*Liquidambar formosana*）等；西南部常绿阔叶林一般零星分布于海拔700～1000米以下的部分山区，常绿阔叶林遭破坏后的次生林有马尾松（*Pinus massoniana*）林、杉木（*Cunninghamia lanceolata*）林和海拔1000米以上的台湾松（*Pinus taiwanensis*）林等。在阔叶林中混生或在林缘生长的还有油杉（*Keteleeria fortunei*）、福建柏（*Fokienia hodginsii*）、柳杉（*Cryptomeria japonica* var. *sinensis*）、竹柏（*Nageia nagi*）等针叶树。

生态系统野外科学观测研究站和长期定位观测研究站（简称"生态监测站"）在生态产品监测评估与绿色核算中扮演着极其重要的角色。本次评估依据资溪县所属生态区，数据主要来源于资溪县境内的生态监测站（图1-2），并利用周边相同生态区位站点及中国科学院、江西农业大学、北京林业大学建立的实验样地对数据进行补充和修正。生态监测站包括江西境内的马头山站、大岗山站、庐山站和九连山站，福建省境内的武夷山站，浙江省境内的凤阳山站和钱江源站等（表1-1）。湿地生态站包括江西省境内的鄱阳湖湿地生态站、湖南省境内的洞庭湖湿地生态站，以及湖北省境内的洪湖湿地生态站等。

第一章 资溪县生态空间生态连清技术体系

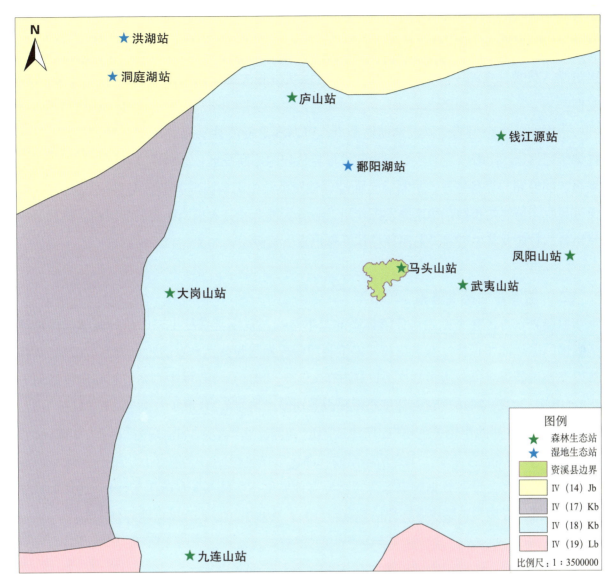

图 1-2 资溪县陆地生态系统野外科学观测研究站布局

表 1-1 资溪县所处生态区森林、湿地生态站基本情况

植被气候区	地带性森林类型及湿地类型	野外科学观测站
华东中南亚热带常绿阔叶林及马尾松杉木竹林地区	华东南丘陵低山常绿阔叶林及马尾松黄山松杉木林区	江西马头山森林生态站
		江西大岗山森林生态站
		江西九连山森林生态站
		江西庐山森林生态站
		福建武夷山森林生态站
		浙江凤阳山森林生态站
		浙江钱江源森林生态站
长江中下游湿地区	永久性淡水湖	江西鄱阳湖湿地生态站
		湖南洞庭湖湿地生态站
		湖北洪湖湿地生态站

目前，资溪县及周围的生态监测站和辅助监测点在空间布局上能够充分体现区位优势和地域特色，兼顾了生态监测站在国家和地方等层面的典型性和重要性，并且已形成了层次清晰、代表性强的生态空间监测站网，可以负责相关站点所属区域的生态连清野外监测工作。

借助上述生态监测站以及辅助监测点，可以满足资溪县生态空间生态产品监测评估和科学研究需求。随着政府对生态环境建设形势认识的不断发展，必将建立起资溪县生态空间生态产品监测的完备体系，为科学全面地评估资溪县生态建设成效奠定坚实的基础。同时，通过各生态监测站长期、稳定地发挥作用，必将为健全和完善国家生态监测网络，特别是构建完备的林业及其生态建设监测评估体系作出重大贡献。

二、监测评估标准体系

监测评估标准体系是生态连清体系的基本法则。资溪县森林生态产品的监测与评估严格依据国家标准《森林生态系统长期定位观测研究站建设规范》（GB/T 40053—2021）、《森林生态系统长期定位观测指标体系》（GB/T 35377—2017）、《森林生态系统长期定位观测方法》(GB/T 33027—2016)和《森林生态系统服务功能评估规范》(GB/T 38582—2020)（图 1-3），4 项国家标准之间的逻辑关系从"如何建站"到"观测什么"再到"如何观测"以及"如何评估"（图 1-4），严格规范了森林生态连清体系的标准化工作流程。

湿地生态产品监测依据国家标准《重要湿地监测指标体系》（GB/T 27648—2011）和林业行业标准《湿地生态系统服务评估规范》（LY/T 2899—2017）开展监测评估工作。

图 1-3　森林生态产品监测评估标准体系

图 1-4　森林监测评估标准体系逻辑关系

草地生态产品监测与评估根据《草地气象监测评价方法》（GB/T 34814—2017）和《北方草地监测要素与方法》（QX/T 212—2013）开展监测评估工作。

资溪县生态空间生态连清监测评估所依据的标准体系包括从生态系统服务功能监测站点建设到观测指标、观测方法、数据管理乃至数据应用各方面的标准。这一系列的标准化保证了不同站点所提供资溪县生态空间生态连清数据的准确性和可比性，为资溪县生态空间生态产品绿色核算与碳中和研究的顺利进行提供了保障。

第二节　分布式测算评估体系

一、分布式测算方法

分布式测算源于计算机科学，是研究如何把一项整体复杂的问题分割成相对独立运算的单元，并将这些单元分配给多个计算机进行处理，最后将计算结果统一合并得出结论的一种科学计算方法。分布式测算方法被用于使用世界各地成千上万位志愿者的计算机的闲置计算能力，来解决复杂的数学问题，如搜索梅森素数的分布式网络计算（GIMPS）和研究寻找最为安全的密码系统，如 RC4 等，这些项目都很庞大，需要惊人的计算量，而分布式测算研究如何把一个需要非常巨大计算能力才能解决的问题分成许多小的部分，并分配给许多计算机进行处理，最后把这些计算结果综合起来得到最终的结果。随着科学的发展，分布式测算是一种廉价的、高效的、维护方便的计算方法。

> **分布式测算方法**：是指将复杂的生态系统服务功能测算整体过程分割成不同层次、若干个相对独立运算的均质单元，再将这些均质单元分别测算并逐级累加的一种科学测算方法。

生态空间生态产品的测算是一项非常庞大、复杂的系统工程，适合划分成多个均质化的生态测算单元开展评估（Niu et al.，2013）。因此，分布式测算方法是评估生态空间生态产品所采用的较为科学有效的方法，并且通过诸多森林生态系统服务功能评估案例证实（王兵等，2020；李少宁，2007），分布式测算方法能够保证评估结果的准确性及可靠性。

基于全空间、全指标、全口径、全周期的"四全"评估构架，利用分布式测算方法评估资溪县生态空间生态产品的具体思路（图1-5）：将资溪县生态空间按照支持服务、调节服务、供给服务和文化服务四大类别划分为一级分布式测算单元；每个一级分布式测算单元按照乡镇划分为13个二级分布式测算单元；每个二级分布式测算单元按照生态系统类型划分为森林、湿地和草地3个三级分布式测算单元；每个三级分布式测算单元划分为14个林分类型、1个湿地类型和1个草地类型的四级分布式测算单元；每个四级分布式测算单元按照保育土壤、植被养分固持、涵养水源、固碳释氧、净化大气环境与降解污染物、提供产品、生物多样性与栖息地保护、生态康养等功能类别划分为21个森林指标类别、18个湿地指标类别和21个草地指标类别的五级分布式测算单元。基于以上分布式测算单元划分，本次评估共划分成2364个相对均质的生态空间生态产品评估单元。

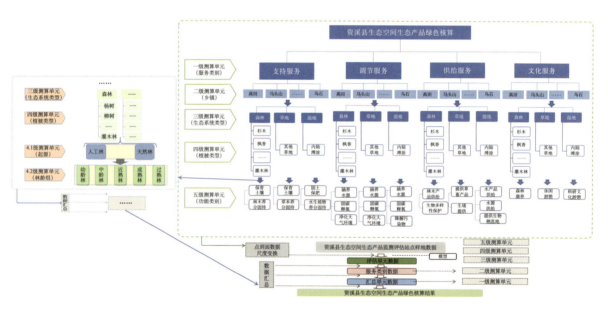

图1-5 资溪县生态产品分布式测算方法

注：其中，森林的四级分布式测算单元按照林分起源划分为2个4.1级测算单元；将每个4.1级分布式测算单元划分为幼龄林、中龄林、近熟林、成熟林和过熟林5个4.2级分布式测算单元。

二、监测评估指标体系

依据国家标准《森林生态系统服务功能评估规范》（GB/T 38582—2020）、林业行业标准《湿地生态系统服务评估规范》（LY/T 2899—2017）以及《草原生态评价技术方案》，按照支持服务、调节服务、供给服务和文化服务四大服务类别对生态空间生态产品进行核算（图1-6）。

第一章 资溪县生态空间生态连清技术体系

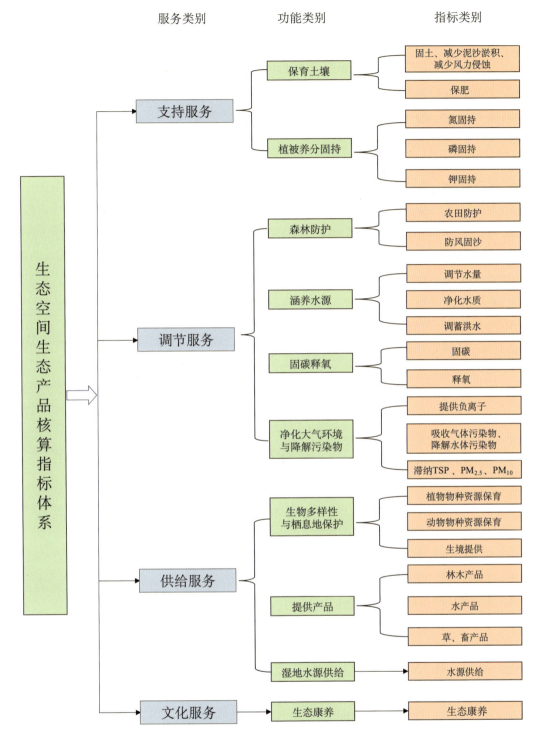

图1-6 资溪县生态空间生态产品核算指标体系

三、数据来源与耦合集成

资溪县生态空间生态产品绿色核算分为物质量和价值量两部分。物质量评估所需数据包括资溪县生态空间生态连清数据集和资溪县2020年森林、湿地、草地资源调查更新数据集；价值量评估所需数据除以上两个来源外，还包括社会公共数据集。

数据来源主要包括以下三部分：

1. 生态空间生态连清数据集

生态监测数据集主要来源于资溪县境内及周边陆地生态系统野外科学观测研究站和定位观测研究站的野外长期定位连续观测数据集。

2. 森林、湿地、草地资源调查数据

按照《自然资源调查监测体系构建总体方案》的框架，将资溪县森林、湿地、草地资源调查更新数据与第三次全国国土调查（简称国土"三调"）数据对接融合得到的资源数据。

3. 社会公共数据集

社会公共数据主要采用我国权威机构公布的社会公共数据，分别来源于《中华人民共和国水利部水利建筑工程预算定额》、中国农业信息网（http：//www.agri.cn/）、中华人民共和国国家卫生健康委员会（http：//www.nhc.gov.cn/）、《中华人民共和国环境保护税法》《江西统计年鉴（2021）》等。

将上述三类数据源有机地耦合集成（图1-7），应用于一系列的评估公式中，即可获得资溪县生态空间生态产品绿色核算结果。

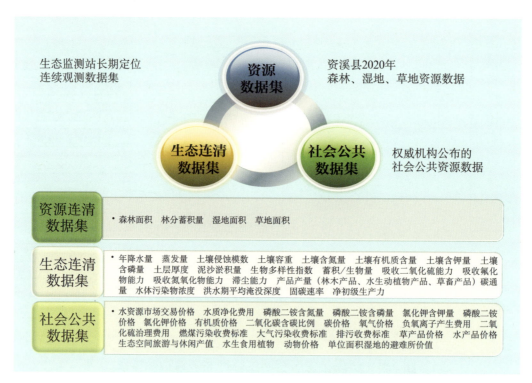

图1-7　资溪县生态空间生态产品数据源耦合集成

四、生态系统服务修正系数

在野外数据观测中，研究人员仅能够得到观测站点附近的实测生态数据，对于无法实地观测到的数据，则需要一种方法对已经获得的参数进行修正，如森林生态系统引入了森

林生态系统服务修正系数（Forest Ecological Service Correction Coefficient，简称 FES-CC）。FES-CC 是指评估林分生物量和实测林分生物量的比值，反映森林生态服务评估区域森林的生态质量状况，还可以通过森林生态功能的变化修正森林生态服务的变化。

森林生态系统服务价值的合理测算对绿色国民经济核算具有重要意义，社会进步程度、经济发展水平、森林资源质量等对森林生态系统服务均会产生一定影响，而森林自身结构和功能状况则是体现森林生态系统服务可持续发展的基本前提。"修正"作为一种状态，表明系统各要素之间具有相对"融洽"的关系。当用现有的野外实测值不能代表同一生态单元同一目标优势树种（组）的结构或功能时，就需要采用森林生态系统服务修正系数客观地从生态学精度的角度反映同一优势树种（组）在同一区域的真实差异。其理论计算公式如下：

$$FES\text{-}CC = \frac{B_e}{B_o} = \frac{BEF \times V}{B_o} \tag{1-1}$$

式中：$FES\text{-}CC$——森林生态系统服务修正系数（简称 F）；

B_e——评估林分的生物量（千克/立方米）；

B_o——实测林分的生物量（千克/立方米）；

BEF——蓄积量与生物量的转换因子；

V——评估林分的蓄积量（立方米）。

实测林分的生物量可以通过森林生态连清的实测手段来获取，而评估林分的生物量在资溪县资源清查和造林工程调查中还没有完全统计。因此，通过评估林分蓄积量和生物量转换因子（BEF）来测算评估（方精云等，1996；Fang et al., 1998；Fang et al., 2001）。

五、核算公式与模型包

资溪县生态空间生态产品绿色核算主要是从物质量和价值量的角度对该区域生态空间提供的各项生态产品进行定量评估；价值量评估是指从货币价值量的角度对该区域生态空间提供的生态产品价值进行定量评估，在价值量评估中，主要采用等效替代原则，并用替代品的价格进行等效替代核算某项评估指标的价值量。同时，在具体选取替代品的价格时应遵守权重当量平衡原则，考虑计算所得的各评估指标价值量在总价值量中所占的权重，使其保证相对平衡。

> **等效替代法**：是当前生态环境效益经济评价中最普遍采用的一种方法，是生态系统功能物质量向价值量转化的过程中，在保证某评估指标生态功能相同的前提下，将实际的、复杂的生态问题和生态过程转化为等效的、简单的、易于研究的问题和过程来估算生态系统各项功能价值量的研究和处理方法。

权重当量平衡原则：是指生态系统服务功能价值量评估过程中，当选取某个替代品的价格进行等效替代核算某项评估指标的价值量时，应考虑计算所得的各评估指标价值量在总价值量中所占的权重，使其保持相对平衡。

（一）森林生态系统

1. 保育土壤功能

森林凭借庞大的树冠、深厚的枯枝落叶层及强壮且成网状的根系截留大气降水，减少或免遭雨滴对土壤表层的直接冲击，有效地固持土体，降低了地表径流对土壤的冲蚀，使土壤流失量大大降低。而且森林植被的生长发育及其代谢产物不断对土壤产生物理及化学影响，参与土体内部的能量转换与物质循环，提高土壤肥力。森林凋落物是土壤养分的主要来源之一（图1-8）。因此，本研究选用固土和保肥2个指标来反映森林保育土壤功能。

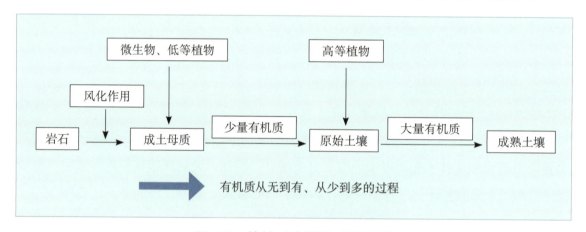

图1-8 植被对土壤形成的作用

（1）固土指标。因为森林的固土功能是从地表土壤侵蚀程度表现出来的，所以可通过无林地土壤侵蚀程度和有林地土壤侵蚀程度之差来估算森林的保土量。该评估方法是目前国内外多数人使用并认可的。例如，日本在1972年、1978年和1991年评估森林防止土壤泥沙侵蚀效能时，都采用了有林地与无林地之间侵蚀对比方法来计算。

①年固土量。林分年固土量计算公式如下：

$$G_{固土} = A \times (X_2 - X_1) \times F \tag{1-2}$$

式中：$G_{固土}$——评估林分年固土量（吨/年）；

X_1——实测林分有林地土壤侵蚀模数[吨/（公顷·年）]；

X_2——无林地土壤侵蚀模数[吨/（公顷·年）]；

A——林分面积（公顷）；

F——森林生态系统服务修正系数。

②年固土价值。由于土壤侵蚀流失的泥沙淤积于水库中，减少了水库蓄积水的体积，因此本研究根据蓄水成本（替代工程法）计算林分年固土价值，计算公式如下：

$$U_{固土} = C_{固土} \times C_{土} / \rho \tag{1-3}$$

式中：$U_{固土}$——评估林分年固土价值（元/年）；

$C_{固土}$——评估林分年固土量（吨/年）；

$C_{土}$——挖取和运输单位体积土方所需费用（元/立方米）；

ρ——土壤容重（克/立方厘米）。

(2) 保肥指标。林木的根系可以改善土壤结构、孔隙度和通透性等物理性状，有助于土壤形成团粒结构。在养分循环过程中，枯枝落叶层不仅减小了降水的冲刷和径流，而且还是森林生态系统归还的主要途径，可以增加土壤有机质、营养物质（氮、磷、钾等）和土壤碳库的积累，提高土壤肥力，起到保肥的作用。土壤侵蚀带走大量的土壤营养物质，根据氮、磷、钾等养分含量和森林减少的土壤损失量，可以估算出森林每年减少的养分流失量。因土壤侵蚀造成了氮、磷、钾大量流失，使土壤肥力下降，通过计算年固土量中氮、磷、钾的数量，再换算为化肥价格即为森林年保肥价值。

①年保肥量。计算公式如下：

$$G_{氮} = A \times N \times (X_2 - X_1) \times F \tag{1-4}$$

$$G_{磷} = A \times P \times (X_2 - X_1) \times F \tag{1-5}$$

$$G_{钾} = A \times K \times (X_2 - X_1) \times F \tag{1-6}$$

$$G_{有机质} = A \times M \times (X_2 - X_1) \times F \tag{1-7}$$

式中：$G_{氮}$——评估林分固持土壤而减少的氮流失量（吨/年）；

$G_{磷}$——评估林分固持土壤而减少的磷流失量（吨/年）；

$G_{钾}$——评估林分固持土壤而减少的钾流失量（吨/年）；

$G_{有机质}$——评估林分固持土壤而减少的有机质流失量（吨/年）；

X_1——实测林分有林地土壤侵蚀模数[吨/（公顷·年）]；

X_2——无林地土壤侵蚀模数[吨/（公顷·年）]；

N——实测林分土壤平均含氮量（%）；

P——实测林分土壤平均含磷量（%）；

K——实测林分土壤平均含钾量（%）；

M——实测林分土壤平均有机质含量（%）；

A——林分面积（公顷）；

F——森林生态系统服务修正系数。

②年保肥价值。年固土量中氮、磷、钾的物质量换算成化肥价值即为林分年保肥价值。本研究的林分年保肥价值以固土量中的氮、磷、钾数量折合成磷酸二铵化肥和氯化钾化肥的价值来体现。计算公式如下：

$$U_{肥} = \frac{G_{氮} \times C_1}{R_1} + \frac{G_{磷} \times C_1}{R_2} + \frac{G_{钾} \times C_2}{R_3} + G_{有机质} \times C_3 \tag{1-8}$$

式中：$U_{肥}$——评估林分年保肥价值（元/年）；

$G_{氮}$——评估林分固持土壤而减少的氮流失量（吨/年）；

$G_{磷}$——评估林分固持土壤而减少的磷流失量（吨/年）；

$G_{钾}$——评估林分固持土壤而减少的钾流失量（吨/年）；

$G_{有机质}$——评估林分固持土壤而减少的有机质流失量（吨/年）；

R_1——磷酸二铵化肥含氮量（%）；

R_2——磷酸二铵化肥含磷量（%）；

R_3——氯化钾化肥含钾量（%）；

C_1——磷酸二铵化肥价格（元/吨）；

C_2——氯化钾化肥价格（元/吨）；

C_3——有机质价格（元/吨）。

2. 林木养分固持功能

生态系统的生物体内贮存着各种营养元素，并通过元素循环，促使生物与非生物环境之间的元素变换，维持生态过程。有关学者指出，森林生态系统在其生长过程中不断从周围环境吸收营养元素，固定在植物体中。本研究综合了在以上两个定义的基础上，认为林木养分固持是指森林植物通过生化反应，在土壤、大气、降水中吸收氮、磷、钾等营养物质并贮存在体内各营养器官的功能。

这里要测算的林木固持氮、磷、钾含量与森林生态系统保育土壤功能中保肥的氮、磷、钾有所不同，前者是被森林植被吸收进前面述及的植物体内的营养物质，后者是森林生态系统中林下土壤里所含的营养物质。因此，在测算过程中将二者区分开来分别计量。

森林植被在生长过程中每年要从土壤或空气中要吸收大量营养物质，如氮、磷、钾等，并贮存在植物体中。考虑到指标操作的可行性，本研究考虑主要营养元素氮、磷、钾的含量。在计算林木养分固持量时，以氮、磷、钾在植物体中的百分含量为依据，再结合中国森林资源清查数据及森林净生产力数据计算出中国森林生态系统年固持氮、磷、钾的总量。国内很多研究均采用了这种方法。

（1）林木养分固持量。计算公式如下：

$$G_{氮} = A \times N_{营养} \times B_{年} \times F \tag{1-9}$$

$$G_{磷} = A \times P_{营养} \times B_{年} \times F \qquad (1\text{-}10)$$

$$G_{钾} = A \times K_{营养} \times B_{年} \times F \qquad (1\text{-}11)$$

式中：$G_{氮}$——评估林分年氮固持量（吨/年）；

$G_{磷}$——评估林分年磷固持量（吨/年）；

$G_{钾}$——评估林分年钾固持量（吨/年）；

$N_{营养}$——实测林木氮元素含量（%）；

$P_{营养}$——实测林木磷元素含量（%）；

$K_{营养}$——实测林木钾元素含量（%）；

$B_{年}$——实测林分年净生产力[吨/（公顷·年）]；

A——林分面积（公顷）；

F——森林生态系统服务修正系数。

（2）林木年养分固持价值。采取把营养物质折合成磷酸二铵化肥和氯化钾化肥方法计算林木养分固持价值，计算公式如下：

$$U_{氮} = G_{氮} \times C_1 \qquad (1\text{-}12)$$

$$U_{磷} = G_{磷} \times C_1 \qquad (1\text{-}13)$$

$$U_{钾} = G_{钾} \times C_2 \qquad (1\text{-}14)$$

式中：$U_{氮}$——评估林分氮固持价值（元/年）；

$U_{磷}$——评估林分磷固持价值（元/年）；

$U_{钾}$——评估林分钾固持价值（元/年）；

$G_{氮}$——评估林分年氮固持量（吨/年）；

$G_{磷}$——评估林分年磷固持量（吨/年）；

$G_{钾}$——评估林分年钾固持量（吨/年）；

C_1——磷酸二铵化肥价格（元/吨）；

C_2——氯化钾化肥价格（元/吨）。

3. 涵养水源功能

森林涵养水源功能主要是指森林对降水的截留、吸收和贮存，将地表水转为地表径流或地下水的作用（图1-9）。主要功能表现在增加可利用水资源、净化水质和调节径流三个方面。本研究选定2个指标，即调节水量指标和净化水质指标，以反映森林的涵养水源功能。

（1）调节水量指标。

①年调节水量。森林生态系统年调节水量计算公式如下：

$$G_{调}=10A×(P_水-E-C)×F \tag{1-15}$$

式中：$G_{调}$——评估林分年调节水量（立方米/年）；

$P_水$——实测林外降水量（毫米/年）；

E——实测林分蒸散量（毫米/年）；

C——实测林分地表快速径流量（毫米/年）；

A——林分面积（公顷）；

F——森林生态系统服务修正系数。

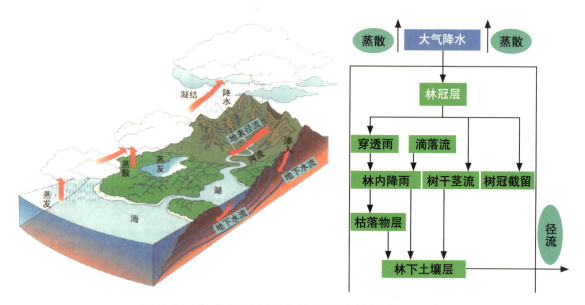

图1-9 全球水循环及森林对降水的再分配示意

②年调节水量价值。由于森林对水量主要起调节作用，与水库的功能相似，因此本研究森林生态系统年调节水量价值根据水库工程的蓄水成本（替代工程法）来确定，计算公式如下：

$$U_{调}=G_{调}×C_库 \tag{1-16}$$

式中：$U_{调}$——评估林分年调节水量价值（元/年）；

$G_{调}$——评估林分年调节水量（立方米/年）；

$C_库$——水资源市场交易价格（元/立方米）。

（2）净化水质指标。净化水质包括净化水量和净化水质价值两个方面。

①年净化水量。计算公式如下：

$$G_{净}=10A×(P_水-E-C)×F \tag{1-17}$$

式中：$G_净$——评估林分年净化水量（立方米/年）；

$P_水$——实测林外降水量（毫米/年）；

E——实测林分蒸散量（毫米/年）；

C——实测林分地表快速径流量（毫米/年）；

A——林分面积（公顷）；

F——森林生态系统服务修正系数。

②年净化水质价值。森林生态系统年净化水质价值根据江西省水污染物应纳税额，计算公式如下：

$$U_净 = G_净 \times K_水 \tag{1-18}$$

式中：$U_净$——评估林分净化水质价值（元/年）；

$G_净$——评估林分年净化水量（立方米/年）；

$K_水$——水的净化费用（元/年）。

4. 固碳释氧功能

森林植被与大气的物质交换主要是二氧化碳与氧气的交换，即森林固定并减少大气中的二氧化碳和提高并增加大气中的氧气浓度（图1-10），这对维持大气中的二氧化碳和氧气动态平衡、减少温室效应以及为人类提供生存的基础都有巨大的、不可替代的作用（Wang et al., 2013）。

图 1-10　森林生态系统固碳释氧作用

《中华人民共和国国民经济和社会发展第十四个五年规划和2035年远景目标纲要》提出，力争2030年前达到碳达峰，2060年前实现碳中和的重大战略决策，事关中华民族永续发展和构建人类命运共同体。为实现碳达峰碳中和的战略目标，既要实施碳强度和碳排放总量双控，同时要提升生态系统碳汇能力。森林作为陆地生态系统的主体，具有显著的固碳作用，在碳达峰碳中和战略目标的实现过程中发挥着重要作用。目前，我国森林生态系统碳汇能力由于碳汇方法学存在缺陷，即：推算森林碳汇量采用的材积源生物量法是通过森林蓄积量增量进行计算的，而一些森林碳汇资源并未统计其中，主要指特灌林和竹林、疏林地、未成林造林地、非特灌林灌木林、苗圃地、荒山灌丛、城区和乡村绿化散生林木而被低估。为准确核算我国森林资源碳汇能力，王兵等（2021）提出森林碳汇资源和森林全口径碳汇新理念。

因此，本研究选用固碳、释氧两个指标反映资溪县森林全口径碳汇和森林释氧功能。根据光合作用化学反应式，森林植被每积累1.00克干物质，可以吸收固定1.63克二氧化碳，释放1.19克氧气。

（1）固碳指标。

①植被和土壤年固碳量。计算公式如下：

$$G_{碳} = G_{植被固碳} + G_{土壤固碳} \quad (1\text{-}19)$$

$$G_{植被固碳} = 1.63 R_{碳} \times A \times B_{年} \times F \quad (1\text{-}20)$$

$$G_{土壤固碳} = A \times S_{土壤碳} \times F \quad (1\text{-}21)$$

式中：$G_{碳}$——评估林分生态系统年固碳量（吨/年）；

$G_{植被固碳}$——评估林分年固碳量（吨/年）；

$G_{土壤固碳}$——评估林分对应的土壤年固碳量（吨/年）；

$R_{碳}$——二氧化碳中碳的含量，为27.27%；

$B_{年}$——实测林分净生产力[吨/（公顷·年）]；

$S_{土壤碳}$——单位面积实测林分土壤的固碳量[吨/（公顷·年）]；

A——林分面积（公顷）；

F——森林生态系统服务修正系数。

公式计算得出森林的潜在年固碳量，再从其中减去由于林木消耗造成的碳量损失，即为森林的实际年固碳量。

②年固碳价值。鉴于我国实施温室气体排放税收制度，并对二氧化碳的排放征税，因此，采用中国碳交易市场碳税价格加权平均值进行评估。林分植被和土壤年固碳价值的计算公式如下：

$$U_{碳} = G_{碳} \times C_{碳} \quad (1\text{-}22)$$

式中：$U_{碳}$——评估林分年固碳价值（元/年）；

$G_{碳}$——评估林分生态系统潜在年固碳量（吨/年）；

$C_碳$——固碳价格（元/吨）。

公式得出森林的潜在年固碳价值，再从其中减去由于林木消耗造成的碳量损失，即为森林的实际年固碳价值。

（2）释氧指标。

①年释氧量。计算公式如下：

$$G_{氧气}=1.19A \times B_年 \times F \tag{1-23}$$

式中：$G_{氧气}$——评估林分年释氧量（吨/年）；

$B_年$——实测林分净生产力[吨/（公顷·年）]；

A——林分面积（公顷）；

F——森林生态系统服务修正系数。

②年释氧价值。因为价值量的评估属经济的范畴，是市场化、货币化的体现，因此本研究采用国家权威部门公布的氧气商品价格计算森林的年释氧价值。计算公式如下：

$$U_氧 = G_氧 \times C_氧 \tag{1-24}$$

式中：$U_氧$——评估林分年释放氧气价值（元/年）；

$G_氧$——评估林分年释氧量（吨/年）；

$C_氧$——氧气的价格（元/吨）。

5. 净化大气环境功能

雾霾天气的出现，使空气质量状况成为民众和政府部门关注的焦点，大气颗粒物（如TSP、PM_{10}、$PM_{2.5}$）被认为是造成雾霾天气的主要原因。特别$PM_{2.5}$更是由于其对人体健康的严重威胁，成为人们关注的热点。如何控制大气污染、改善空气质量成为众多科学家研究的热点（张维康等，2015；Zhang et al.，2015）。

> **森林释放负离子**：是指森林的树冠、枝叶的尖端放电以及光合作用过程的光电效应促使空气电解，产生空气负离子，同时森林植被释放的挥发性物质，如植物精气（又叫芬多精）等也能促进空气电离，增加空气负离子浓度。

> **森林滞纳空气颗粒物**：是指由于森林增加地表粗糙度，降低风速从而提高空气颗粒物的沉降率，同时，植物叶片结构特征的理化特性为颗粒物的附着提供了有利的条件；此外，枝、叶、茎还能够通过气孔和皮孔滞纳空气颗粒物。

森林能有效吸收有害气体、滞纳粉尘、提供负离子、降低噪音、降温增湿等，从而起到净化大气环境的作用（图1-11）。为此，本研究选取提供负离子、吸收污染物（二氧化硫、氟化物和氮氧化物）、滞纳TSP、PM_{10}、$PM_{2.5}$等指标反映森林的净化大气环境能力。

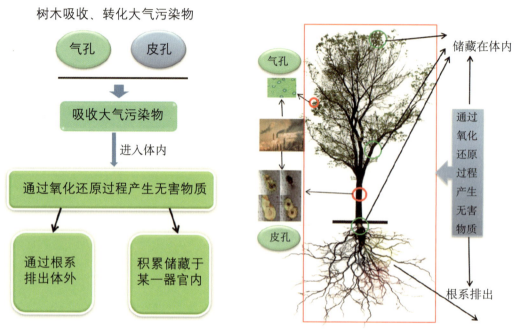

图1-11 树木吸收空气污染物示意

(1) 提供负离子指标。

①年提供负离子量。计算公式如下：

$$G_{负离子}=5.256\times 10^{15}\times Q_{负离子}\times A\times H\times F/L \tag{1-25}$$

式中：$G_{负离子}$——评估林分年提供负离子个数（个/年）；

$Q_{负离子}$——实测林分负离子浓度（个/立方厘米）；

H——实测林分高度（米）；

L——负离子寿命（分钟）；

A——林分面积（公顷）；

F——森林生态系统服务修正系数。

②年提供负离子价值。国内外研究证明，当空气中负离子达到600个/立方厘米以上时，才能有益于人体健康，所以林分年提供负离子价值计算公式如下：

$$U_{负离子}=5.256\times 10^{15}A\times H\times F\times K_{负离子}\times (Q_{负离子}-600)/L \tag{1-26}$$

式中：$U_{负离子}$——评估林分年提供负离子价值（元/年）；

$K_{负离子}$——负离子生产费用（元/10^{18}个）；

$Q_{负离子}$——实测林分负离子浓度（个/立方厘米）；

L——负离子寿命（分钟）；

H——实测林分高度（米）；

A——林分面积（公顷）；

F——森林生态系统服务修正系数。

（2）吸收气体污染物指标。二氧化硫、氟化物和氮氧化物是大气的主要污染物（图1-12），因此本研究选取森林植被吸收二氧化硫、氟化物和氮氧化物3个指标评估森林吸收气体污染物的能力。森林对二氧化硫、氟化物和氮氧化物的吸收，可使用面积—吸收能力法、阈值法、叶干质量估算法等。本研究采用面积—吸收能力法评估森林吸收气体污染物的总量，采用环境保护税法评估价值量。

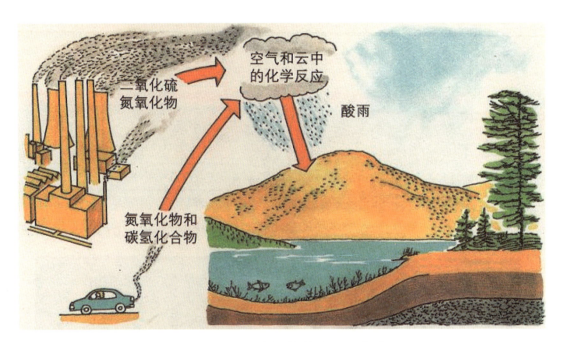

图1-12 污染气体的来源及危害

①吸收二氧化硫。主要计算林分年吸收二氧化硫的物质量和价值量。

林分年吸收二氧化硫量计算公式如下：

$$G_{二氧化硫}=Q_{二氧化硫} \times A \times F/1000 \tag{1-27}$$

式中：$G_{二氧化硫}$——评估林分年吸收二氧化硫量（吨/年）；

$Q_{二氧化硫}$——单位面积实测林分吸收二氧化硫量[千克/（公顷·年）]；

A——林分面积（公顷）；

F——森林生态系统服务修正系数。

林分年吸收二氧化硫价值计算公式如下：

$$U_{二氧化硫} = G_{二氧化硫} \times K_{二氧化硫} \tag{1-28}$$

式中：$U_{二氧化硫}$——评估林分年吸收二氧化硫价值（元/年）；

$G_{二氧化硫}$——评估林分年吸收二氧化硫量（吨/年）；

$K_{二氧化硫}$——二氧化硫治理费用（元/千克）。

②吸收氟化物。

林分氟化物年吸收量计算公式如下：

$$G_{氟化物} = Q_{氟化物} \times A \times F / 1000 \tag{1-29}$$

式中：$G_{氟化物}$——评估林分年吸收氟化物量（吨/年）；

$Q_{氟化物}$——单位面积实测林分年吸收氟化物量[千克/（公顷·年）]；

A——林分面积（公顷）；

F——森林生态系统服务修正系数。

林分年吸收氟化物价值计算公式如下：

$$U_{氟化物} = G_{氟化物} \times K_{氟化物} \tag{1-30}$$

式中：$U_{氟化物}$——评估林分年吸收氟化物价值（元/年）；

$G_{氟化物}$——评估林分年吸收氟化物量（吨/年）；

$K_{氟化物}$——氟化物治理费用（元/千克）。

③吸收氮氧化物。

林分氮氧化物年吸收量计算公式如下：

$$G_{氮氧化物} = Q_{氮氧化物} \times A \times F / 1000 \tag{1-31}$$

式中：$G_{氮氧化物}$——评估林分年吸收氮氧化物量（吨/年）；

$Q_{氮氧化物}$——单位面积实测林分年吸收氮氧化物量[千克/（公顷·年）]；

A——林分面积（公顷）；

F——森林生态系统服务修正系数。

林木氮氧化物年吸收量价值计算公式如下：

$$U_{氮氧化物} = G_{氮氧化物} \times K_{氮氧化物} \tag{1-32}$$

式中：$U_{氮氧化物}$——评估林分年吸收氮氧化物价值（元/年）；

$G_{氮氧化物}$——评估林分年吸收氮氧化物量（吨/年）；

$K_{氮氧化物}$——氮氧化物治理费用（元/千克）。

(3) 滞尘指标。森林有阻挡、过滤和吸附粉尘的作用，可提高空气质量。因此，滞尘功能是森林生态系统重要的服务功能之一。鉴于近年来人们对 PM_{10} 和 $PM_{2.5}$（图1-13）的关注，本研究在评估滞尘量及其价值的基础上，将 PM_{10} 和 $PM_{2.5}$ 从总滞尘量中分离出来进行了单独的物质量和价值量评估。

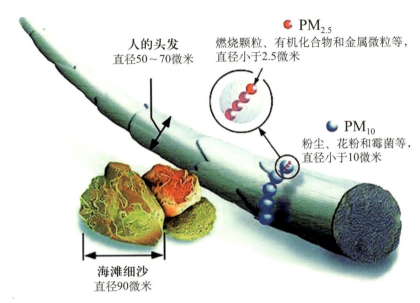

图1-13　$PM_{2.5}$ 颗粒直径示意

①年总滞尘量。计算公式如下：

$$G_{TSP}=Q_{TSP}\times A\times F/1000 \tag{1-33}$$

式中：G_{TSP}——评估林分年潜在滞纳总悬浮颗粒物（TSP）量（吨/年）；

　　　Q_{TSP}——实测林分单位面积年滞纳总悬浮颗粒物（TSP）量[千克/（公顷·年）]；

　　　A——林分面积（公顷）

　　　F——森林生态系统服务修正系数。

②年滞尘总价值。本研究使用环境保护税法计算林木滞纳 PM_{10} 和 $PM_{2.5}$ 的价值。其中，PM_{10} 和 $PM_{2.5}$ 采用炭黑尘（粒径 0.4～1 微米）污染当量值，结合应税额度进行核算。林分滞纳其余颗粒物的价值采用一般性粉尘（粒径＜75 微米）污染当量值，结合应税额度进行核算。年滞尘价值计算公式如下：

$$U_{滞尘}=(G_{TSP}-G_{PM_{10}}-G_{PM_{2.5}})\times K_{TSP}+U_{PM_{10}}+U_{PM_{2.5}} \tag{1-34}$$

式中：$U_{滞尘}$——评估林分年潜在滞尘价值（元/年）；

　　　G_{TSP}——评估林分年潜在滞纳 TSP 量（千克/年）；

　　　$G_{PM_{2.5}}$——评估林分年潜在滞纳 $PM_{2.5}$ 的量（千克/年）；

$G_{PM_{10}}$——评估林分年潜在滞纳 PM_{10} 的量（千克/年）；

$U_{PM_{10}}$——评估林分年滞纳 PM_{10} 的价值（元/年）；

$U_{PM_{2.5}}$——评估林分年滞纳 $PM_{2.5}$ 的价值（元/年）；

K_{TSP}——降尘清理费用（元/千克）。

（4）滞纳 $PM_{2.5}$。

①年滞纳 $PM_{2.5}$ 量。计算公式如下：

$$G_{PM_{2.5}}=10Q_{PM_{2.5}} \times A \times n \times F \times LAI \tag{1-35}$$

式中：$G_{PM_{2.5}}$——评估林分年潜在滞纳 $PM_{2.5}$（直径≤2.5微米的可入肺颗粒物）量（千克/年）；

$Q_{PM_{2.5}}$——实测林分单位叶面积滞纳 $PM_{2.5}$ 量（克/平方米）；

A——林分面积（公顷）；

n——年洗脱次数；

LAI——叶面积指数

F——森林生态系统服务修正系数。

②年滞纳 $PM_{2.5}$ 价值。计算公式如下：

$$U_{PM_{2.5}}=G_{PM_{2.5}} \times C_{PM_{2.5}} \tag{1-36}$$

式中：$U_{PM_{2.5}}$——评估林分年滞纳 $PM_{2.5}$ 价值（元/年）；

$G_{PM_{2.5}}$——评估林分年潜在滞纳 $PM_{2.5}$ 的量（千克/年）；

$C_{PM_{2.5}}$——$PM_{2.5}$ 清理费用（元/千克）。

（5）滞纳 PM_{10}。

①年滞纳 PM_{10} 量。计算公式如下：

$$G_{PM_{10}}=10Q_{PM_{10}} \times A \times n \times F \times LAI \tag{1-37}$$

式中：$G_{PM_{10}}$——评估林分年潜在滞纳 PM_{10}（直径≤10微米的可吸入颗粒物）量（千克/年）；

$Q_{PM_{10}}$——实测林分单位叶面积滞纳 PM_{10} 量（克/平方米）；

A——林分面积（公顷）；

F——森林生态系统服务修正系数；

n——年洗脱次数；

LAI——叶面积指数。

② 年滞纳 PM_{10} 价值。计算公式如下：

$$U_{PM_{10}} = G_{PM_{10}} \times C_{PM_{10}} \tag{1-38}$$

式中：$U_{PM_{10}}$——评估林分年滞纳 PM_{10} 价值（元/年）；

$G_{PM_{10}}$——评估林分年潜在滞纳 PM_{10} 量（千克/年）；

$C_{PM_{10}}$——PM_{10} 清理费用（元/千克）。

6. 生物多样性保护功能

生物多样性维护了自然界的生态平衡，并为人类的生存提供了良好的环境条件。生物多样性是生态系统不可缺少的组成部分，对生态系统服务的发挥具有十分重要的作用。Shannon-Wiener 指数是反映森林中物种的丰富度和分布均匀程度的经典指标。传统 Shannon-Wiener 指数对生物多样性保护等级的界定不够全面。本研究采用濒危指数、特有种指数及古树年龄指数进行生物多样性保护功能评估（表1-2至表1-4），有利于生物资源的合理利用和相关部门保护工作的合理分配。

生物多样性保护功能评估计算公式如下：

$$U_{生} = (1 + 0.1\sum_{m=1}^{x} E_m + 0.1\sum_{n=1}^{y} B_n + 0.1\sum_{r=1}^{z} O_r) \times S_{生} \times A \tag{1-39}$$

式中：$U_{生}$——评估林分年生物多样性保护价值（元/年）；

E_m——评估林分或区域内物种 m 的濒危指数（表1-2）；

B_n——评估林分或区域内物种 n 的特有种指数（表1-3）；

O_r——评估林分或区域内物种 r 的古树年龄指数（表1-4）；

x——计算珍稀濒危指数物种数量；

y——计算特有种物种数量

z——计算古树物种数量；

$S_{生}$——单位面积物种资源保育价值[元/（公顷·年）]；

A——林分面积（公顷）。

本研究根据 Shannon-Wiener 指数计算生物多样性价值，共划分7个等级：

当指数 <1 时，$S_{生}$ 为 3000[元/（公顷·年）]；

当 1≤指数 <2 时，$S_{生}$ 为 5000[元/（公顷·年）]；

当 2≤指数 <3 时，$S_{生}$ 为 10000[元/（公顷·年）]；

当 3≤指数 <4 时，$S_{生}$ 为 20000[元/（公顷·年）]；

当 4≤指数 <5 时，$S_{生}$ 为 30000[元/（公顷·年）]；

当 5≤指数 <6 时，$S_{生}$ 为 40000[元/（公顷·年）]；

当指数 ≥6 时，$S_{生}$ 为 50000[元/（公顷·年）]。

表 1-2　濒危指数体系

濒危指数	濒危等级	物种种类
4	极危	参见《中国物种红色名录》第一卷：红色名录
3	濒危	
2	易危	
1	近危	

表 1-3　特有种指数体系

特有种指数	分布范围
4	仅限于范围不大的山峰或特殊的自然地理环境下分布
3	仅限于某些较大的自然地理环境下分布的类群，如仅分布于较大的海岛（岛屿）、高原、若干个山脉等
2	仅限于某个大陆分布的分类群
1	至少在2个大陆都有分布的分类群
0	世界广布的分类群

注：参见《植物特有现象的量化》（苏志尧，1999）。

表 1-4　古树年龄指数体系

古树年龄	指数等级	来源及依据
100～299年	1	参见2011年，全国绿化委员会、国家林业局《关于开展古树名木普查建档工作的通知》
300～499年	2	
≥500年	3	

7. 林木产品供给功能

（1）木材产品价值。计算公式如下：

$$U_{木材产品}=\sum_{i}^{n}(A_i \times S_i \times U_i)\ (i=1,\ 2,\ \cdots,\ n) \tag{1-40}$$

式中：$U_{木材产品}$——年木材产品价值（元/年）；

　　　A_i——第 i 种木材产品面积（公顷）；

　　　S_i——第 i 种木材产品单位面积蓄积量[立方米/（公顷·年）]；

　　　U_i——第 i 种木材产品市场价格（元/立方米）。

（2）非木材产品价值。计算公式如下：

$$U_{非木材产品}=\sum_{j}^{n}(A_j \times V_j \times P_j)\ (j=1,\ 2,\ \cdots,\ n) \tag{1-41}$$

式中：$U_{非木材产品}$——年非木材产品价值（元/年）；

A_j——第 j 种非木材产品种植面积（公顷）；

V_j——第 j 种非木材产品单位面积产量 [千克/（公顷·年）]；

P_j——第 j 种非木材产品市场价格（元/千克）。

8. 森林康养功能

森林康养是指森林生态系统为人类提供休闲和娱乐场所所产生的价值，包括直接产值和带动的其他产业产值。直接产值采用林业旅游与休闲产值替代法进行核算。计算公式如下：

$$U_{康养} = (U_{直接} + U_{间接}) \times 0.8 \tag{1-42}$$

式中：$U_{康养}$——森林康养价值量（元/年）；

$U_{直接}$——林业旅游与休闲产值，按照直接产值对待（元/年）；

$U_{间接}$——林业旅游与休闲带动的其他产业产值（元/年）；

0.8——森林公园接待游客量和创造的旅游产值约占森林旅游总规模的百分比。

9. 森林生态系统服务功能总价值评估

森林生态系统服务功能总价值为上述分项之和，计算公式如下：

$$U_I = \sum_{i=1}^{21} U_i \tag{1-43}$$

式中：U_I——森林生态系统服务总价值（元/年）；

U_i——森林生态系统服务各分项年价值（元/年）。

（二）湿地生态系统

1. 保育土壤功能

湿地生态系统能够有效减少泥沙淤积，发挥着显著的保育土壤功能，这是由于河流冲击作用造成的。一般而言，由于水文地理特征的特殊性及其时空变化的不均匀性，不同地区湿地泥沙淤积存在差异。为此，本研究选用减少泥沙淤积指标和保肥指标，以反映湿地保育土壤功能。

（1）减少泥沙淤积。因为湿地的减少泥沙淤积功能是通过泥沙淤积程度表现出来的，所以可以通过湿地入水口的泥沙淤积量和出水口的泥沙淤积量之差来估算湿地的减少泥沙淤积量。

①年减少泥沙淤积量。湿地年减少泥沙淤积量计算公式如下：

$$G_{土} = (X_2 - X_1) \times A \tag{1-44}$$

式中：$G_{土}$——湿地年减少泥沙淤积量（吨/年）；

A——湿地当年入库地表径流量（立方米）；

X_1——湿地入水口的泥沙淤积量 [吨/（公顷·年）]；

X_2——湿地出水口的泥沙淤积量[吨/(公顷·年)]。

②年减少泥沙淤积价值。由于土壤侵蚀流失的泥沙淤积于水库中,会减少水库蓄积水的体积,因此本研究根据蓄水成本(替代工程法)计算湿地年泥沙淤积价值,计算公式如下:

$$U_土 = G_土 \times V_土 \tag{1-45}$$

式中:$U_土$——湿地年减少泥沙淤积价值(元/年);

$G_土$——湿地年减少泥沙淤积量(吨/年);

$V_土$——挖取和运输单位体积土方所需费用(元/立方米)。

(2)保肥。湿地保肥功能是指减少泥沙淤积中养分流失,本研究采用的是湿地淤积泥沙中所含有的氮、磷、钾等养分的量,再折算成化肥价格的方法来计算。

①年保肥量。计算公式如下:

$$G_{保肥} = (X_2 - X_1) \times A \times (N + P + K + C) \tag{1-46}$$

式中:$G_{保肥}$——湿地年减少养分流失量(吨/年);

X_1——湿地入水口的泥沙淤积量[吨/(公顷·年)];

X_2——湿地出水口的泥沙淤积量[吨/(公顷·年)];

A——湿地面积(公顷);

C——泥沙淤积中平均有机质含量(%);

N——泥沙淤积中平均氮含量(%);

P——泥沙淤积中平均磷含量(%);

K——泥沙淤积中平均钾含量(%)。

②年保肥量价值。年减少淤积泥沙中氮、磷、钾等养分的含量换算成化肥即为湿地年保肥价值。本研究的湿地年保肥价值以淤积泥沙中的氮、磷、钾和有机质含量折合成磷酸二铵化肥和氯化钾化肥的价值来体现。计算公式如下:

$$U_{保肥} = (X_2 - X_1) \times A \times \left(\frac{N}{D_氮} \times V_氮 + \frac{P}{D_磷} \times V_磷 + \frac{K}{D_钾} \times V_钾 + C \times V_{有机质} \right) \tag{1-47}$$

式中:$U_{保肥}$——年保肥价值(元/年);

X_1——湿地入水口的泥沙淤积量[吨/(公顷·年)];

X_2——湿地出水口的泥沙淤积量[吨/(公顷·年)];

A——湿地面积(公顷);

C——泥沙淤积中平均有机质含量(%);

N——泥沙淤积中平均氮含量(%);

P——泥沙淤积中平均磷含量(%);

K——泥沙淤积中平均钾含量（%）；

$D_{氮}$——磷酸二铵化肥含氮量（%）；

$D_{磷}$——磷酸二铵化肥含磷量（%）；

$D_{钾}$——氯化铵化肥含钾量（%）；

$V_{氮}$ 和 $V_{磷}$——磷酸二铵化肥价格（元/吨）；

$V_{钾}$——氯化钾化肥价格（元/吨）；

$V_{有机质}$——有机质化肥价格（元/吨）。

2. 水生植物养分固持功能

湿地生态系统中，养分主要储存在土壤中，可以说土壤是其最大的养分库。地质大循环中，生态系统中的养分不断向下淋溶损失，而生物小循环则从地质循环中保存累积一系列的生物所必需的营养元素，随着生物的生长以及生物量的不断积累，土壤母质中大量营养元素被释放出来，成为有效成分，供生物生长需要。因此，生物是形成土壤和土壤肥力的主导因素。当植物的一个生命周期完成时，大量的养分在植物体变黄、凋落之前被转移到植物体的其他部位，还有一些则通过枯枝落叶等凋落物而返回土壤中。本研究参考崔丽娟（2004）关于湿地营养循环的研究，湿地水生植物氮、磷、钾年固定量分为128.78千克/公顷、0.88千克/公顷、86.33千克/公顷。

（1）水生植物养分固持量。计算公式如下：

$$G_{氮}=A \times N \tag{1-48}$$

$$G_{磷}=A \times P \tag{1-49}$$

$$G_{钾}=A \times K \tag{1-50}$$

式中：$G_{氮}$——湿地生态系统氮固持量（千克/年）；

$G_{磷}$——湿地生态系统磷固持量（千克/年）；

$G_{钾}$——湿地生态系统钾固持量（千克/年）；

N——单位面积湿地水生植物固氮量（千克/公顷）；

P——单位面积湿地水生植物固磷量（千克/公顷）；

K——单位面积湿地水生植物固钾量（千克/公顷）；

A——湿地面积（公顷）。

（2）水生植物养分固持价值。采取把营养物质折合成磷酸二铵化肥和氯化钾化肥方法计算水生植物养分固持价值，计算公式如下：

$$U_{营养}=(G_{氮} \times V_{氮}+G_{磷} \times V_{磷}+G_{钾} \times V_{钾})/1000 \tag{1-51}$$

式中：$U_{营养}$——湿地生态系统养分固持价值（元/年）；

$G_{氮}$——湿地生态系统氮固持量（千克/年）；

$G_{磷}$——湿地生态系统磷固持量（千克/年）；

$G_{钾}$——湿地生态系统钾固持量（千克/年）；

$V_{氮}$——氮肥的价格（元/吨）；

$V_{磷}$——磷肥的价格（元/吨）；

$V_{钾}$——钾肥的价格（元/吨）。

3. 涵养水源功能

湿地生态系统具有强大的调节水量功能（崔丽娟，2004），即在洪水期可以蓄积大量的洪水，以缓解洪峰造成的损失，同时储备大量的水资源在干旱季节提供生产、生活用水。另外，湿地生态系统还具有净化水质的作用。由此，本研究从调节水量和净化水质两个指标反映湿地的涵养水源功能。

（1）调节水量。

①年调节水量。湿地生态系统年调节水量计算公式如下：

$$G_{调节水量} = \sum_{i=1}^{n}(H_i \times A) \tag{1-52}$$

式中：$G_{调节水量}$——湿地调节水量（立方米/年）；

A——湿地面积（公顷）；

H_i——湿地洪水期平均淹没深度（米）。

②年调节水量价值。由于湿地对水量主要起调节作用，与水库的功能相似。因此，本研究中湿地生态系统调节水量价值依据水库工程的蓄水成本（替代工程法）来确定，计算公式如下：

$$U_{调节水量} = G_{调节水量} \times P_r \tag{1-53}$$

式中：$U_{调节水量}$——湿地调节水量价值（元/年）；

$G_{调节水量}$——湿地调节水量（立方米/年）；

P_r——水资源市场交易价格（元/立方米）。

（2）净化水质。

①年净化水质量。湿地生态系统年净化水质计算公式如下：

$$G_{净化水质} = A \times (C_入 - C_出) \times \rho \tag{1-54}$$

式中：$G_{净化水质}$——湿地净化水质的量（立方米/年）；

A——湿地面积（公顷）；

$C_入$——湿地入水口化学需氧量（COD）含量（千克/立方米）；

$C_{出}$——湿地出水口化学需氧量（COD）含量（千克/立方米）。

ρ——水的密度（千克/立方米）。

②年净化水质价值。计算公式如下：

$$U_{净化水质}=G_{净化水质} \times P_w \tag{1-55}$$

式中：$U_{净化水质}$——湿地净化水质价值（元/年）；

$G_{净化水质}$——湿地净化水质的量（立方米/年）；

P_w——污水处理厂处理单位化学需氧量（COD）成本（元/立方米）。

4. 固碳释氧功能

湿地对大气环境既有正面也有负面影响。湿地对于大气调节的正效应主要是指通过大面积挺水植物芦苇以及其他水生植物的光合作用固定大气中的二氧化碳，向大气释放氧气；负效应指湿地向大气中排放温室气体（主要指二氧化碳和甲烷）。湿地内主要植被类型为水生或湿生植物，且分布广泛，主要以芦苇为主。芦苇作为适合河湖湿地和滩涂湿地生长的湿生植物，具有极高的生物量和土壤碳库储存。

（1）固碳。

①年固碳量。计算公式如下：

$$G_{固碳}=(R_{碳_i} \times M_{CO_2}+R_{碳_j} \times M_{CH_4}) \times A \tag{1-56}$$

式中：$G_{固碳}$——湿地生态系统固碳量（吨/年）；

$R_{碳_i}$——二氧化碳中碳的含量（0.27）；

M_{CO_2}——实测湿地净二氧化碳交换量，即 NEE（吨/公顷）；

$R_{碳_j}$——甲烷中碳的含量（0.75）；

M_{CH_4}——实测湿地甲烷含量（吨/公顷）；

A——湿地面积（公顷）。

②年固碳价值。计算公式如下：

$$U_{固碳}=G_{固碳} \times C_{碳} \tag{1-57}$$

式中：$U_{固碳}$——湿地生态系统固碳价值（元/年）；

$G_{固碳}$——湿地生态系统固碳量（吨/年）；

$C_{碳}$——固碳价格（元/吨）。

（2）释氧。

①年释氧量。计算公式如下：

$$G_{释氧}=1.2 \times \sum m \times A \tag{1-58}$$

式中：$G_{释氧}$——湿地生态系统释氧量（吨/年）；

m——湿地单位面积生物量（吨/公顷）；

A——湿地面积（公顷）。

②年释氧价值。计算公式如下：

$$U_{释氧} = G_{释氧} \times C_{释氧} \tag{1-59}$$

式中：$U_{释氧}$——湿地生态系统释氧价值（元/年）；

$G_{释氧}$——湿地生态系统释氧量（吨/年）；

$C_{释氧}$——氧气价格（元/吨）。

5. 降解污染功能

湿地被誉为"地球之肾"，具有降解和去除环境污染的作用，尤其是对氮、磷等营养元素以及重金属元素的吸收、转化和滞留具有较高的效率，能有效降低其在水体中的浓度；湿地还可通过减缓水流、促进颗粒物沉降，从而将其上附着的有害物质从水体中去除。如果进入湿地的污染物没有使水体整体功能退化，即可以认为湿地起到净化的功能。

（1）降解污染物量。计算公式如下：

$$G_{降} = Q_i \times (C_{入i} - C_{出i}) \tag{1-60}$$

式中：$G_{降}$——湿地生态系统降解污染物量（千克/年）；

Q_i——湿地中第i种污染物（COD、氨氮、全磷）的年排放总量（千克/年）；

$C_{入i}$——湿地入水口第i种污染物的浓度（%）；

$C_{出i}$——湿地出水口第i种污染物的浓度（%）。

（2）降解污染物价值。计算公式如下：

$$U_{降} = G_{降} \times C_{降} \tag{1-61}$$

式中：$U_{降}$——湿地生态系统降解污染物价值（元/年）；

$G_{降}$——湿地生态系统降解污染物量（千克/年）；

$C_{降}$——湿地中第i种污染物清理费用（元/千克）。

6. 水产品供给功能

（1）水生植物供给。

①水生植物供给量。计算公式如下：

$$G_{水生植物} = \sum_{i=1}^{n} Q_i \times A \tag{1-62}$$

式中：$G_{水生植物}$——水生食用植物的产量（千克/年）；

Q_i——各类可食用水生植物的单位面积产量（千克/公顷）；

A——湿地面积（公顷）。

②水生植物供给价值。计算公式如下：

$$U_{水生植物} = G_{水生植物} \times P_{植物} \tag{1-63}$$

式中：$U_{水生植物}$——水生食用植物的价值（元/年）；

$G_{水生植物}$——水生食用植物的产量（千克/年）；

$P_{植物}$——各类食用植物的单价（元/千克）。

（2）水生动物供给。

①水生动物供给量。计算公式如下：

$$G_{水生动物} = \sum_{j=1}^{n} Q_j \times A \tag{1-64}$$

式中：$G_{水生动物}$——水生食用动物的产量（千克/年）；

Q_j——各类可食用动物的单位面积产量（千克/公顷）；

A——湿地面积（公顷）。

②水生动物供给价值。计算公式如下：

$$U_{水生动物} = G_{水生动物} \times P_{动物} \tag{1-65}$$

式中：$U_{水生动物}$——水生食用动物的价值（元/年）；

$G_{水生动物}$——水生食用动物的产量（千克/年）；

$P_{动物}$——各类食用动物的单价（元/千克）。

7. 水源供给功能

（1）水源供给量。计算公式如下：

$$G_{水源供给} = Q_{淡水} \times A \tag{1-66}$$

式中：$G_{水源供给}$——湿地水源供给量（立方米/年）；

$Q_{淡水}$——单位面积湿地平均淡水供应量[立方米/（公顷·年）]；

A——湿地面积（公顷）。

（2）水源供给价值。计算公式如下：

$$U_{水源供给} = G_{水源供给} \times P_{淡水} \tag{1-67}$$

式中：$U_{水源供给}$——湿地水源供给价值（元/年）；

$G_{水源供给}$——湿地水源供给量（立方米/年）；

$P_{淡水}$——水资源市场交易价格（元/立方米）。

8. 提供生物栖息地功能

湿地是复合生态系统，大面积的芦苇沼泽、滩涂和河流、湖泊为野生动植物的生存提供了良好的栖息地。湿地景观的高度异质性为众多野生动植物栖息、繁衍提供了基地，因而在保护生物多样性方面具有极其重要的价值。湿地生物栖息地功能评估计算公式如下：

$$U_{生}=S_{生} \times A \quad (1\text{-}68)$$

式中：$U_{生}$——湿地生态系统生物栖息地价值（元/年）；

$S_{生}$——单位面积湿地的避难所价值[元/（公顷·年）]；

A——湿地面积（公顷）。

9. 科研文化游憩功能

湿地为生态学、生物学、地理学、水文学、气候学以及湿地研究和鸟类研究的自然本底和基地，为诸多基础科研提供了理想的科学实验场所。同时，湿地自然景色优美，而且是大量鸟类和水生动植物的栖息繁殖地，因此还会吸引大量的游客前去观光旅游。湿地科研文化游憩功能价值计算公式如下：

$$U_{游憩}=P_{游} \times A \quad (1\text{-}69)$$

式中：$U_{游憩}$——湿地生态系统科研文化游憩价值（元/年）；

$P_{游}$——单位面积湿地科研文化游憩价值[元/（公顷·年）]；

A——湿地面积（公顷）。

（三）草地生态系统

1. 保育土壤功能

草地生态系统具有土壤保持的作用，主要表现为减少土壤风力侵蚀和保持土壤肥力两方面。

（1）减少土壤风力侵蚀。

①物质量计算公式如下：

$$G_{土壤侵蚀}=A \times (M_0 - M_1) \quad (1\text{-}70)$$

式中：$G_{土地侵蚀}$——减少草地土壤风力侵蚀量（吨/年）；

A——草地面积（公顷）；

M_0——实测无草覆盖下的风力侵蚀量[吨/（公顷·年）]；

M_1——实测有草覆盖下的风力侵蚀量[吨/（公顷·年）]。

②价值量计算公式如下：

$$U_{土壤侵蚀} = G_{土壤侵蚀} \times C_{土} \tag{1-71}$$

式中：$U_{土壤侵蚀}$——减少草地土壤风力侵蚀价值（元/年）；

$G_{土壤侵蚀}$——减少草地土壤风力侵蚀量（吨/年）；

$C_{土}$——挖取单位面积土方费用（元/吨）。

(2) 保持土壤肥力。

①年保肥量。计算公式如下：

$$G_{氮} = A \times N \times (X_2 - X_1) \tag{1-72}$$

$$G_{磷} = A \times P \times (X_2 - X_1) \tag{1-73}$$

$$G_{钾} = A \times K \times (X_2 - X_1) \tag{1-74}$$

$$G_{有机质} = A \times M \times (X_2 - X_1) \tag{1-75}$$

式中：$G_{氮}$——草地减少的氮流失量（吨/年）；

$G_{磷}$——草地减少的磷流失量（吨/年）；

$G_{钾}$——草地减少的钾流失量（吨/年）；

$G_{有机质}$——草地减少的有机质流失量（吨/年）；

X_1——有草覆盖下的风力侵蚀量[吨/（公顷·年）]；

X_2——无草覆盖下的风力侵蚀量[吨/（公顷·年）]；

N——草地土壤平均含氮量（%）；

P——草地土壤平均含磷量（%）；

K——草地土壤平均含钾量（%）；

M——草地土壤平均有机质含量（%）；

A——草地面积（公顷）。

②年保肥价值。年固土量中氮、磷、钾的物质量换算成化肥价值即为林分年保肥价值。本研究的草地年保肥价值以减少土壤风力侵蚀量中的氮、磷、钾数量折合成磷酸二铵化肥和氯化钾化肥的价值来体现。计算公式如下：

$$U_{肥} = \frac{G_{氮} \times C_1}{R_1} + \frac{G_{磷} \times C_1}{R_2} + \frac{G_{钾} \times C_2}{R_3} + G_{有机质} \times C_3 \tag{1-76}$$

式中：$U_{肥}$——草地年保肥价值（元/年）；

$G_{氮}$——草地减少的氮流失量（吨/年）；

$G_{磷}$——草地减少的磷流失量（吨/年）；

$G_{钾}$——草地减少的钾流失量（吨/年）；

$G_{有机质}$——草地减少的有机质流失量（吨/年）；

R_1——磷酸二铵化肥含氮量（%）；

R_2——磷酸二铵化肥含磷量（%）；

R_3——氯化钾化肥含钾量（%）；

C_1——磷酸二铵化肥价格（元/吨）；

C_2——氯化钾化肥价格（元/吨）；

C_3——有机质价格（元/吨）。

2. 草本养分固持功能

草地生态系统通过生态过程促使生物与非生物环境之间进行物质交换。绿色植物从无机环境中获得必需的营养物质，构造生物体，小型异养生物分解已死的原生质或复杂的化合物，吸收其中某些分解的产物，释放能为绿色植物所利用的无机营养物质。参与草地生态系统维持养分循环的物质种类很多，其中的大量元素有全氮、有效磷、有效钾和有机质等。

（1）氮固持。

①物质量计算公式如下：

$$G_{氮}=Q_{干草} \times A \times R_{氮} \tag{1-77}$$

式中：$G_{氮}$——草地氮固持量（吨/年）；

$Q_{干草}$——不同草地类型年干草产量（吨/公顷）；

A——草地面积（公顷）；

$R_{氮}$——单位重量牧草的氮元素含量（%）。

②价值量计算公式如下：

$$U_{氮}=G_{氮} \times P_{氮} \tag{1-78}$$

式中：$U_{氮}$——草地氮固持价值（元/年）；

$G_{氮}$——草地氮固持量（吨/年）；

$P_{氮}$——氮肥价格（元/吨）。

（2）磷固持。

①物质量计算公式如下：

$$G_{磷}=Q_{干草} \times A \times R_{磷} \tag{1-79}$$

式中：$G_{磷}$——草地磷固持量（吨/年）；

$Q_{干草}$——不同草地类型年干草产量（吨/公顷）；

A——草地面积（公顷）；

$R_{磷}$——单位重量牧草的磷元素含量（%）。

②价值量计算公式如下：

$$U_{磷}=G_{磷}\times P_{磷} \tag{1-80}$$

式中：$U_{磷}$——草地磷固持价值（元/年）；

$G_{磷}$——草地磷固持量（吨/年）；

$P_{磷}$——磷肥价格（元/吨）。

（3）钾固持。

①物质量计算公式如下：

$$G_{钾}=Q_{干草}\times A\times R_{钾} \tag{1-81}$$

式中：$G_{钾}$——草地钾固持量（吨/年）；

$Q_{干草}$——不同草地类型年干草产量（吨/公顷）；

A——草地面积（公顷）；

$R_{钾}$——单位重量牧草的钾元素含量（%）。

②价值量计算公式如下：

$$U_{钾}=G_{钾}\times P_{钾} \tag{1-82}$$

式中：$U_{钾}$——草地钾固持价值（元/年）；

$G_{钾}$——草地钾固持量（吨/年）；

$P_{钾}$——钾肥价格（元/吨）。

3. 涵养水源功能

完好的天然草地不仅具有截留降水的功能，而且比空旷裸地有较高的渗透性和保水能力，对涵养土地中的水分有着重要的意义。天然草原的牧草因其根系细小，且多分布于表土层，因而比裸露地和森林有较高的渗透率。

①涵养水源物质量计算公式如下：

$$G_{水}=10R\times A\times J\times K \tag{1-83}$$

式中：$G_{水}$——草地涵养水源量（立方米/年）；

R——草地降水量（毫米）；

A——草地面积（公顷）；

J——产流降水量占降水总量的比例（%）；

K——与裸地比较，草地生态系统截留降水、减少径流的效益系数。

②价值量计算公式如下：

$$U_{水}=G_{水} \times P \tag{1-84}$$

式中：$U_{水}$——草地涵养水源价值（元/年）；

$G_{水}$——草地涵养水源量（立方米/年）；

P——水资源市场交易价格（元/立方米）。

4. 固碳释氧功能

草地植物通过光合作用进行物质循环的过程中，可吸收空气中的二氧化碳并释放出氧气，是陆地上一个重要的碳库。

（1）固碳。

①物质量计算公式如下：

$$G_{植物碳}+G_{土壤碳}=Y \times A \times X \times 12/44+A \times H \times \rho \times C_i \times \lambda \tag{1-85}$$

式中：$G_{植物碳}$——草地植物固碳量（吨/年）；

$G_{土壤碳}$——草地土壤固碳量（吨/年）；

Y——草地单位面积产草量（千克/公顷）；

A——草地面积（公顷）；

X——草地植物的固碳系数，为1.63；

H——草地计算深度（1米）；

ρ——土壤容重（千克/立方米）；

C_i——草地土壤有机质含量（%）；

λ——有机质中碳含量（%）。

②价值量计算公式如下：

$$U_{碳}=(G_{植物碳}+G_{土壤碳}) \times P_{碳} \tag{1-86}$$

式中：$U_{碳}$——草地固碳总价值（元/年）；

$G_{植物碳}$——草地植物固碳量（吨/年）；

$G_{土壤碳}$——草地土壤固碳量（吨/年）；

$P_{碳}$——固碳价格（元/千克）。

（2）释氧。

①物质量计算公式如下：

$$G_{氧}=Y \times A \times X' \tag{1-87}$$

式中：$G_{氧}$——草地释放氧气的量（吨/年）；

Y——草地单位面积产草量（千克/公顷）；

A——草地面积（公顷）；

X'——草地释氧系数，为1.19。

②价值量计算公式如下：

$$U_{氧} = G_{氧} \times P_{氧} \tag{1-88}$$

式中：$U_{氧}$——草地释放氧气价值（元/年）；

$G_{氧}$——草地释放氧气量（吨/年）；

$P_{氧}$——氧气价格（元/千克）。

③固碳释氧价值计算公式如下：

$$U_{固碳释氧} = U_{碳} + U_{氧} \tag{1-89}$$

5. 净化大气环境功能

草地中有很多植物对空气中的一些有害气体具有吸收转化能力，同时还具有吸附尘埃净化空气的作用。

（1）吸收二氧化硫。

①物质量计算公式如下：

$$G_{二氧化硫} = Q_{二氧化硫} \times A = M \times K_{二氧化硫} \times d \times A \tag{1-90}$$

式中：$G_{二氧化硫}$——草地吸收二氧化硫量（千克/年）；

$Q_{二氧化硫}$——草地单位面积吸收二氧化硫量（千克/公顷）；

A——草地面积（公顷）；

M——某类型草地单位面积产草量（千克/公顷）；

$K_{二氧化硫}$——每千克干草叶每天吸收二氧化硫的量[千克/（天·每千克干草）]；

d——牧草生长期（天）。

②价值量计算公式如下：

$$U_{二氧化硫} = G_{二氧化硫} \times K/N_{二氧化硫} \tag{1-91}$$

式中：$U_{二氧化硫}$——草地吸收二氧化硫价值（元/年）；

$G_{二氧化硫}$——草地吸收二氧化硫量（千克/年）；

K——税额（元）；

$N_{二氧化硫}$——二氧化硫的污染当量值（千克）。

(2)吸收氟化物。

①物质量计算公式如下:

$$G_{氟化物}=Q_{氟化物} \times A = M \times K_{氟化物} \times d \times A \tag{1-92}$$

式中:$G_{氟化物}$——草地吸收氟化物量(千克/年);

$Q_{氟化物}$——草地单位面积吸收氟化物量(千克/公顷);

A——草地面积(公顷);

M——某类型草地单位面积产草量(千克/公顷);

$K_{氟化物}$——每千克干草叶每天吸收氟化物的量[千克/(天·每千克干草)];

d——牧草生长期(天)。

②价值量计算公式如下:

$$U_{氟化物}=G_{氟化物} \times K/N_{氟化物} \tag{1-93}$$

式中:$U_{氟化物}$——草地吸收氟化物价值(元/年);

$G_{氟化物}$——草地吸收氟化物量(千克/年);

K——税额(元);

$N_{氟化物}$——氟化物的污染当量值(千克)。

(3)吸收氮氧化物。

①物质量计算公式如下:

$$G_{氮氧化物}=Q_{氮氧化物} \times A = M \times K_{氮氧化物} \times d \times A \tag{1-94}$$

式中:$G_{氮氧化物}$——草地吸收氮氧化物量(千克/年);

$Q_{氮氧化物}$——草地单位面积吸收氮氧化物量(千克/公顷);

A——草地面积(公顷);

M——某类型草地单位面积产草量(千克/公顷);

$K_{氮氧化物}$——每千克干草叶每天吸收氮氧化物的量[千克/(天·每千克干草)];

d——牧草生长期(天)。

②价值量计算公式如下:

$$U_{氮氧化物}=G_{氮氧化物} \times K/N_{氮氧化物} \tag{1-95}$$

式中:$U_{氮氧化物}$——草地吸收氮氧化物价值(千克/年);

$G_{氮氧化物}$——草地积吸收氮氧化物量(千克/公顷);

K——税额(元);

$N_{氮氧化物}$——氮氧化物的污染当量值（千克）。

（4）滞纳总悬浮颗粒物（TSP）。

①物质量计算公式如下：

$$G_{TSP}=Q_{TSP}\times A \tag{1-96}$$

式中：G_{TSP}——草地滞尘量（千克／年）；

Q_{TSP}——草地单位面积滞纳总悬浮颗粒物（TSP）量（千克／公顷）；

A——草地面积（公顷）。

②价值量计算公式如下：

$$U_{TSP}=(G_{TSP}-G_{PM_{10}}-G_{PM_{2.5}})\times A\times K/N_{一般性粉尘}+U_{PM_{10}}+U_{PM_{2.5}} \tag{1-97}$$

式中：U_{TSP}——草地滞尘价值（元／年）；

G_{TSP}、$G_{PM_{10}}$、$G_{PM_{2.5}}$——实测草地滞纳 G_{TSP}、$G_{PM_{10}}$、$G_{PM_{2.5}}$ 的量（千克／公顷）；

A——草地面积（公顷）；

K——税额（元）；

$N_{一般性粉尘}$——一般性粉尘污染当量值（千克）；

$U_{PM_{10}}$——草地年潜在滞纳 PM_{10} 的价值（元／年）；

$U_{PM_{2.5}}$——草地年潜在滞纳 $PM_{2.5}$ 的价值（元／年）。

（5）滞纳 PM_{10}。

①物质量计算公式如下：

$$G_{PM_{10}}=10Q_{PM_{10}}\times A\times n\times LAI \tag{1-98}$$

式中：$G_{PM_{10}}$——草地滞纳 PM_{10} 量（千克／年）；

$Q_{PM_{10}}$——草地单位面积滞纳 PM_{10} 量（克／平方米）；

A——草地面积（公顷）；

n——年洗脱次数；

LAI——叶面积指数。

②价值量计算公式如下：

$$U_{PM_{10}}=G_{PM_{10}}\times K/N_{炭黑尘} \tag{1-99}$$

式中：$U_{PM_{10}}$——草地滞纳 PM_{10} 价值（元／年）；

$G_{PM_{10}}$——草地滞纳 PM_{10} 量（千克／年）；

K——税额（元）；

$N_{炭黑尘}$——炭黑尘污染当量值（千克）。

(6) 滞纳 $PM_{2.5}$。

①物质量计算公式如下：

$$G_{PM_{2.5}} = 10Q_{PM_{2.5}} \times A \times n \times LAI \qquad (1-100)$$

式中：$G_{PM_{2.5}}$——草地滞纳 $PM_{2.5}$ 量（千克/年）；

$Q_{PM_{2.5}}$——草地单位面积滞纳 $PM_{2.5}$ 量（克/平方米）；

A——草地面积（公顷）；

n——年洗脱次数；

LAI——叶面积指数。

②价值量计算公式如下：

$$U_{PM_{2.5}} = G_{PM_{2.5}} \times K/N_{炭黑尘} \qquad (1-101)$$

式中：$U_{PM_{2.5}}$——草地滞纳 $PM_{2.5}$ 价值（元/年）；

$G_{PM_{2.5}}$——草地滞纳 $PM_{2.5}$ 量（千克/年）；

K——税额（元）；

$N_{炭黑尘}$——炭黑尘污染当量值（千克）。

6. 提供产品功能

生态系统产品是指生态系统所产生的，通过提供直接产品或服务维持人的生活生产活动、为人类带来直接利益的产品。草地生态系统提供的产品可以归纳为畜牧业产品和植物资源产品两大类。畜牧业产品是指通过人类的放牧或刈割饲养牲畜，草地生态系统产出的人类生活必需的肉、奶、毛、皮等畜牧业产品。植物资源则主要包括食用、药用、工业用、环境用植物资源以及基因资源、保护种质资源。

(1) 草产品。

①物质量计算公式如下：

$$G_{草} = A \times Y \qquad (1-102)$$

式中：$G_{草}$——草产品产量（千克/年）；

A——草地面积（公顷）；

Y——草地单位面积产量（千克/公顷）。

②价值量计算公式如下：

$$U_{草} = G_{草} \times P_{草} \qquad (1-103)$$

式中：$U_{草}$——草产品价值（元/年）；

$G_{草}$——草产品产量（千克/年）；

$P_{草}$——牧草的单价（元/千克）。

(2) 畜牧产品。

①物质量计算公式如下：

$$G_{牲畜}=Q=\frac{\sum A \times Y \times R}{E \times D} \tag{1-104}$$

式中：$G_{牲畜}$——畜牧产品产量（只）；

Q——草地载畜量（只）；

A——可利用草地面积（公顷）；

Y——牧草单产（千克/公顷）；

R——牧草利用率；

E——牲畜日食量（千克/日）；

D——放牧天数（天）。

②价值量计算公式如下：

$$U_{牲畜}=Q \times P \tag{1-105}$$

式中：$U_{牲畜}$——畜牧产品价值（元/年）；

Q——草地载畜量（只）；

P——牲畜单价（元/只）。

7. 生物多样性保护功能

草地生态系统是生物多样性的重要载体之一，为生物提供丰富的基因资源和繁衍生息的场所，发挥着物种资源保育功能。本研究根据 Shannon-Wiener 指数计算生物多样性保护价值，共划分 7 个等级：

当指数<1 时，$S_{生}$ 为 3000 元/（公顷·年）；

当 1≤指数< 2 时，$S_{生}$ 为 5000 元/（公顷·年）；

当 2≤指数< 3 时，$S_{生}$ 为 10000 元/（公顷·年）；

当 3≤指数< 4 时，$S_{生}$ 为 20000 元/（公顷·年）；

当 4≤指数< 5 时，$S_{生}$ 为 30000 元/（公顷·年）；

当 5≤指数< 6 时，$S_{生}$ 为 40000 元/（公顷·年）；

当指数≥6 时，$S_{生}$ 为 50000 元/（公顷·年）。

8. 休闲游憩功能

草地生态系统独特的自然景观、气候特色和草原地区长期形成的民族特色、人文特色和地缘优势构成了得天独厚的生态旅游资源。在资溪县，草原旅游已成为区域旅游产业的重要组成部分。计算公式如下：

$$U_{游憩}=G \times R'\tag{1-106}$$

式中：$U_{游憩}$——草地游憩功能价值（元）；

G——研究区域旅游年总收入（元）；

R'——以草地为主题的旅游收入占旅游总收入的比重（%）。

第二章
资溪县生态空间资源概况

资溪县地处江西省东部,抚州市东部,地理位置为东经116°46′～117°17′、北纬27°28′～27°55′,东西52.2千米,南北24.1千米,总面积为1251平方千米,是典型的山区县,位于赣闽交界的武夷山脉西麓,县境东北部至西南部横亘着武夷山脉,形成东南高、西北低的地势。中部有出云峰、狮子岩、天子嶂、三十六峰一线的隆起带,将全县分成东西两部分。东北部的东、西、南三面层峦叠嶂,连绵起伏,主要山峰有鹤东峰、黄连坑、月峰山、野鸡顶、排尖嵊、犁头尖、笔架尖,海拔均在1000米以上。群山之间有泸阳、高阜两块较大的谷地,蜿蜒曲折的泸溪河从峡谷中自南向北穿越县境。西半部的东北边境有武夷山支脉和出云峰向西南倾斜,地势渐次平缓,形成山区和丘陵区,主要山峰有大山峰、大竹山、胡墩峭、葫芦岭、罗汉嵊、葫芦嵊等,发源于此的欧溪、高田涧、桐埠河蜿蜒流经分布在低山、丘陵之中的横山、欧溪、高田3块较大的谷地。

资溪县生态空间主要包括森林生态系统、湿地生态系统和草地生态系统,三者共同构成了林业生态建设的重要物质基础,增加森林、湿地和草地资源以及保障其稳定持续的发展是林业工作的出发点和落脚点。在自然因素和人为因素的干扰下,森林、湿地和草地资源的数量和质量始终处于变化中。加强森林、湿地和草地资源的管理和保护,是保障国土生态安全的需要,是增强森林、湿地和草地资源信息的动态管理、分析、评价和预测功能的需要。定期开展调查,及时掌握资溪县森林、湿地和草地资源的消长变化,对于科学地经营管理和保护利用森林、湿地和草地资源具有重要意义。

第一节 森林资源概况

资溪县地处中亚热带,森林植被繁茂,植物区系丰富。境内有暖性针叶林、暖性针阔叶混交林、温性针叶林、温性针阔叶混交林、常绿阔叶林、竹林、落叶阔叶林、常绿落叶阔叶混交林和灌丛9个植被类型,地带性植被为常绿阔叶林。

全县森林覆盖率为87.7%,是江西省重点林业县。县内有种子植物有163科767属1666种,木本植物90科328属约828种,草本植物73科439属838种,有国家级保护野生植物46种(国家一级1种、国家二级45种),珍稀树种有美毛含笑(*Michelia fujianensis*)、红椿(*Toona ciliata*)、福建柏(*Fokienia hodginsii*)、鹅掌楸(*Liriodendron chinense*)、花榈木(*Ormosia henryi*)、南方红豆杉(*Taxus wallichiana* var. *mairei*)等。资溪县生物多样性丰富,是武夷山脉贯通南北的重要生物通道,植被以常绿阔叶林为主,具有较高的生态地位与研究价值。

一、森林资源空间格局

依据《第三次全国国土调查工作分类地类认定细则》,林地主要为乔木林地、灌木林地和其他林地,其中乔木林地、灌木林地属于森林范畴。资溪县森林资源主要分布在山地和丘陵地带。各乡镇面积分布差异较大,整体呈现出东部＞南部＞中部＞西部的分布特征(图2-1)。

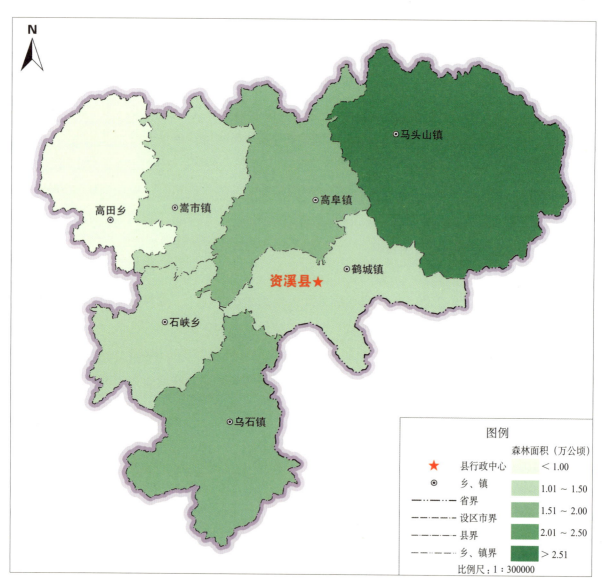

图2-1 资溪县森林面积空间分布

> 乔木林地：指乔木郁闭度≥0.2的林地，不包括森林沼泽。
> 灌木林地：指灌木覆盖度≥40%的林地，不包括灌丛沼泽。
> 其他林地：包括疏林地（0.1≤树木郁闭度＜0.2的林地）、未成林地、迹地、苗圃等林地。

这与自然环境密切相关，资溪县位于江西省的东部边缘，东临福建光泽，南接黎川，西连南城，北毗金溪、贵溪。境内高山重叠，丘陵起伏，东南边缘的武夷山脉是本县与福建省的界山和分水岭；县境东部为信江流域，地势东、南、西三面高山耸立，向北倾斜；西部为抚河流域，由东西两面向西向南倾斜，地势略缓，更适宜人类生活，因此森林面积较少。

二、森林资源数量状况

资溪县乔木林地、竹林地占林地总面积的比例分别为67.01%和30.54%（图2-2）。不同区域森林面积分布情况如图2-3所示。其中，马头山镇森林面积最大，占总面积的25.84%；高阜镇森林面积位居第二，占总面积的24.69%；之后依次为乌石镇、鹤城镇、石峡乡、嵩市镇，分别占总面积的13.47%、9.93%、9.22%、9.04%。森林面积最小的为高田乡，仅占总面积的7.81%。此外，除嵩市镇和石峡乡外，其余乡镇均以乔木林面积占比较多，均在7.35%以上。

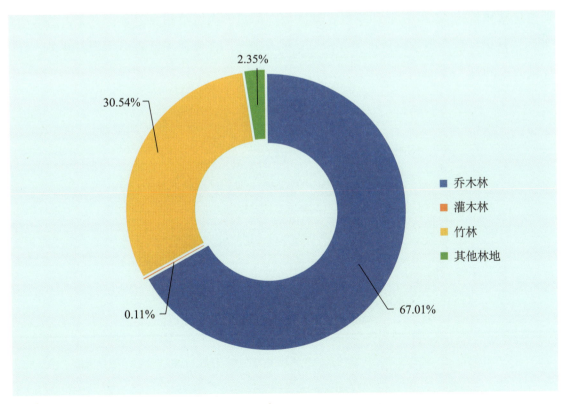

图2-2 资溪县林地类型面积比例

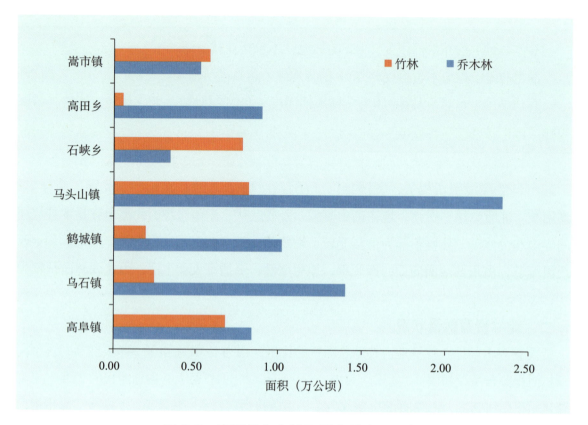

图 2-3　资溪县各乡镇不同森林类型面积

资溪县不同区域森林蓄积量如图 2-4 所示。其中，马头山镇和乌石镇森林蓄积量最大，分别占总蓄积量的 42.70% 和 19.01%，其次为高阜镇、鹤城镇和高田乡，三者占总蓄积量的 29.22%。其余乡镇森林蓄积量总和仅占总量的 9.07%，森林蓄积量最小的为石峡乡，仅占总蓄积量的 2.69%。

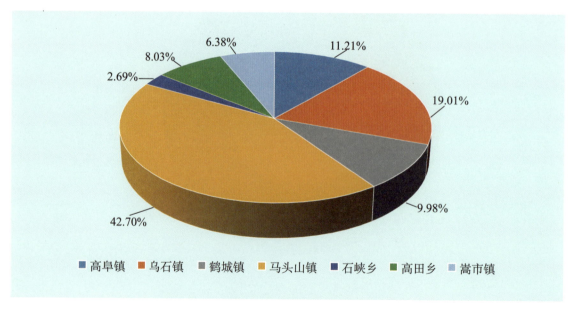

图 2-4　资溪县各乡镇森林蓄积量占比

三、森林生态系统质量和稳定性分析

（一）质量分析

森林质量的高低是决定森林生态系统功能能否有效发挥的关键因素，在保证木材产量供给、维护国家生态安全方面具有重要作用。不同的研究者根据不同的研究目的，选择适合的指标评价森林资源质量状况，如森林单位面积蓄积量、单位面积生长量、森林健康状况等指标。本研究以森林单位面积蓄积量指标来分析森林资源质量状况。

7个乡镇森林单位面积蓄积量如图2-5所示。马头山镇单位面积蓄积量最高，均在150立方米/公顷以上，石峡乡森林单位面积蓄积量小于70立方米/公顷，其余各乡镇单位面积蓄积量均在70～120立方米/公顷之间。不同优势树种（组）单位面积蓄积量如图2-6所示，湿地松单位面积蓄积量最高，达211.76立方米/公顷以上，针阔混交林、栎类、其他软阔、马尾松、木荷、阔叶混交林、其他硬阔、针叶混交林、杉木的单位面积蓄积量均大于100.00立方米/公顷；其余优势树种组的单位面积蓄积量均小于65.00立方米/公顷。

资溪县通过林木种苗及良种繁育生产、人工更新造林、森林抚育、林业有害生物防治、森林防火等措施提高林木单位面积蓄积量。此外，通过引进科学的管理理念和管理方法，以质量为先导，实行全过程的质量管理，逐步实现森林资源管理科学化、规范化，这些管护措施的实施，促使单位面积蓄积量逐渐增加，森林质量逐渐提高。

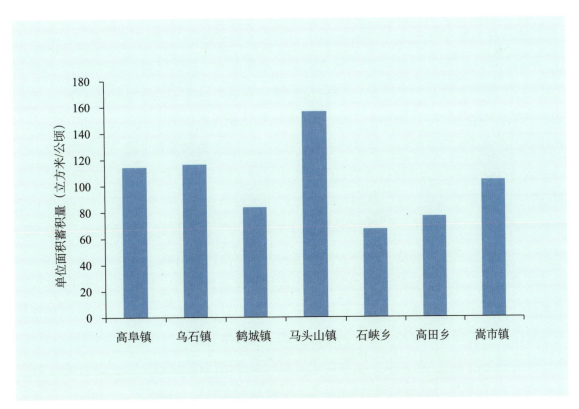

图2-5 资溪县森林单位面积蓄积量分布格局

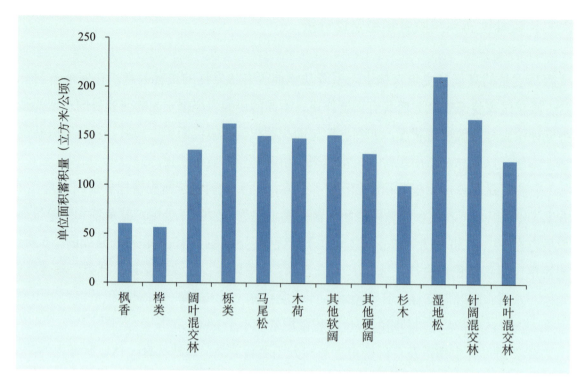

图 2-6　资溪县不同优势树种（组）单位面积蓄积量

（二）稳定性分析

生态系统稳定性是指生态系统抵抗外界干扰和干扰去除后恢复初始状态的能力（Huang, 1995），其一般内涵包括抵抗力（resistance）、恢复力（resilience）、持久力（persistence）和变异性（variability）。抵抗力是指生态系统在达到演替顶极后，能够自我更新和维持，当面对外来干扰时生态系统内部在一定程度上能够自我调节；恢复力是指生态系统在遭到外界干扰破坏后恢复到原状的能力；持久力是指生态系统的结构和功能长期保持在较高水平；变异性是指生态系统受到自然或人为干扰后，功能和结构波动较小，很快能够重新平衡（丁惠萍，2006）。

稳定性作为森林生态系统的重要属性，集中反映了群落中各种群的自身调节、种间竞争及联结状况，是多种林分因子、环境因子和外界干扰综合作用的结果。森林生态系统稳定性的影响因素主要包括物种组成、群落结构、年龄结构、生物多样性、土壤肥力、中间联结、抚育间伐、森林病虫害、林火干扰等方面。这是由于群落树种组成、径级和年龄结构等林分结构是森林生态系统最明显的特征，也是决定森林群落更新潜力、多样性、种间关系及影响林下凋落物和土壤特性的重要因素，反映了植被生长与环境的适应关系。多样性与群落稳定性关系复杂。一般而言，物种多样性的增加提高了森林生态系统的弹性阈值和稳定性，即物种多样性与稳定性表现为正相关。土壤是决定植物群落结构和影响森林生态系统稳定性的重要非生物因素，林地土壤通气性和持水量高，有机质和无机盐含量丰富，土壤微生物多样性好，有利于提高土壤中营养物质的分解、循环效率，增强土壤的生物活性和持水保肥性能，从而促进林地植被生长，提高森林群落稳定性。风雪灾害、自然火干扰和森林病虫害等自然干扰,一方面破坏了森林植被甚至改变森林生态系统的结构组成,使森林生态系统的抵抗力和生态服务能力降低;另一方面,雪灾或火灾会改变森林土壤理化性质及动物和微生物的群落结构,使整个森林生态系统的物质循环与能量流动过程受到影响,进而对森林生态系统的稳定性造成很大的影响。抚育间伐则是对森林生态系统的人为干扰。研究表明,不同择伐强度对天然林或人工林的生产力、植物多样性和种间竞争关系均有影响,间伐减小了林分密度、改善了林内光照和土壤肥力等条件,有效提高了森林生态系统的植物多样性和稳定性。

提升森林生态系统质量和稳定性是林业和草原"十四五"规划的重要目标,资溪县应加强混交林及立地条件较差地段(坡度大、海拔高)的灌木林的保护,同时加强树种单一、群落结构简单的低产低效林的改造力度,以提高森林质量和稳定性,充分发挥其综合生态功能。

四、森林资源结构

(一) 树种结构

为了更好地分析不同树种资源的数量状况,选取枫香、桦类、阔叶混交林、栎类、马尾松、木荷、其他软阔、其他硬阔、杉木、湿地松(*Pinus elliottii*)、针阔混交林、针叶混交林等12个优势树种(组),探讨资溪县森林资源林种状况,为森林经营管理提供依据和参考。由图2-7可知,森林资源中,其他硬阔占森林总面积比例最高,达34.12%;其次为杉木和针阔混交林,二者占森林总面积的44.58%,其余优势树种组面积占森林总面积比例均小于8.00%。

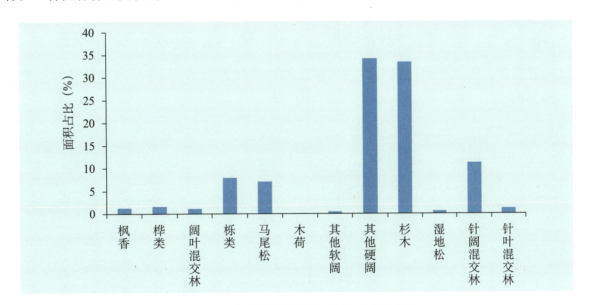

图 2-7 资溪县优势种(组)面积占比

森林优势树种(组)蓄积量表现为其他硬阔最大,占总蓄积量的35.46%;其次是杉木、针阔混交林和栎类,占总蓄积量比例均在10.00%以上,三者占比总计达到50.99%;马尾松、阔叶混交林、针叶混交林、湿地松、桦类、枫香、其他软阔、木荷等树种(组)占总蓄积量的比例均在9.00%以下(图2-8)。

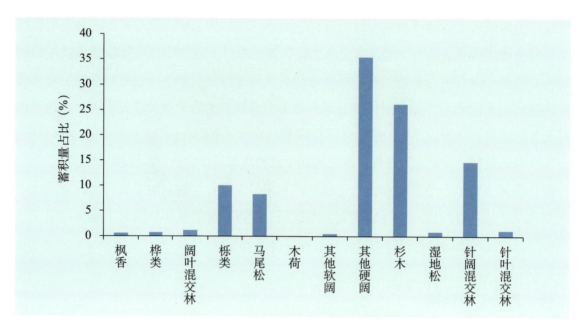

图 2-8　资溪县优势树种蓄积量比例

由此可见，资溪县森林资源以其他硬阔面积占主导优势，杉木、针阔混交林和栎类次之。硬阔叶树是林区稳定的气候演替顶极，在没有重大外力干预下，不会被其他群落所替代，即使在完全裸露的地段——皆伐迹地、弃耕地的农田、路边裸地，也可以不经过阔叶林阶段直接恢复成为硬阔叶树。

(二) 龄级结构

根据生物学特性、生长过程及森林经营要求，将乔木林按年龄阶段划分为幼龄林、中龄林、近熟林、成熟林和过熟林，不同林龄组的森林面积如图 2-9 所示，森林蓄积量如图 2-10 所示。

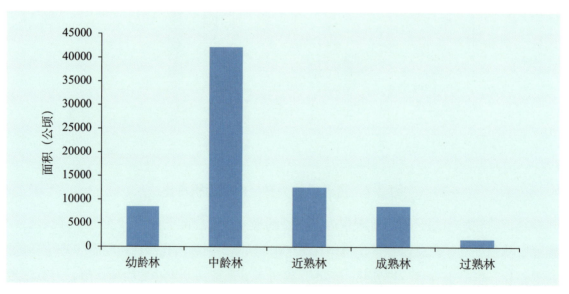

图 2-9　资溪县不同林龄（组）面积

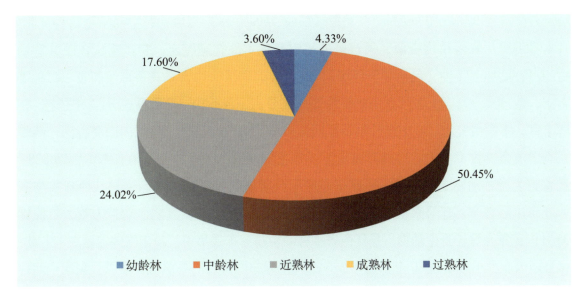

图 2-10　资溪县不同林龄（组）蓄积量比例

资溪县森林资源表现为中龄林的面积最大，将近 4 万公顷以上，占比为 57.41%；其次是近龄林和成熟林，在 0.8 万～1.2 万公顷之间，占比分别为 17.15% 和 11.72%；过熟林的面积最小，在 2000 公顷以下，仅占不同林龄总面积的 2.18%。蓄积量依然是中龄林占比最大，占比为 50.45%；过熟林占比最小，占比不足 4%。

五、森林生物多样性

资溪县有 3 个国家级生态功能区，1043 公顷的湿地保护面积，孕育出 21 个国家珍稀濒危物种、2934 种高等植物、445 种脊椎动物、298 种鸟类、35 种鱼类、1000 余种昆虫和海南鳽（*Gorsachius magnificus*）、无斑南鳅（*Schistura incerta*）2 个生态指示性物种。生态环境综合评价指数列中部第一、全国前列，拥有大觉山国家 5A 级旅游景区和大觉溪、真相乡村、御龙湾、野狼谷 4 个 4A 级景区以及清凉山国家森林公园、九龙湖国家级湿地公园、马头山国家级自然保护区等多处森林旅游景点。其中，马头山国家级自然保护区位于武夷山脉中段腹地，森林覆盖率达 97.43%，生态环境优良，生物多样性丰富。区内有高等植物 275 科 1005 属 2943 种，陆生脊椎动物 27 目 91 科 445 种。2023 年 11 月 30 日，马头山兽类及鸟类重要栖息地入选国家林业和草原局公布的《陆生野生动物重要栖息地名录（第一批）》。马头山国家级自然保护区保存有较大范围的原生性较强的天然常绿阔叶林，生物多样性极为丰富，高等植物约 2943 种，其中属《国家重点保护野生植物名录（第一批）》有 46 余种，如长叶榧（*Torreya jackii*）和蛛网萼（*Platycrater arguta*），国家重点保护野生动物有 81 种。保护区主要保护对象为美毛含笑、蛛网萼、伯乐树等大面积的珍稀植物原生种群，还有南方红豆杉、福建柏、天然杉木、伯乐树（*Bretschneidera sinensis*）、莼菜（*Brasenia schreberi*）、报春苣苔（*Primulina tabacum*）、白颈长尾雉（*Syrmaticus ellioti*）、黄腹角雉（*Tragopan caboti*）、云豹（*Neofelis nebulosa*)、猕猴（*Macaca mulatta*）、黑熊（*Ursus thibetanus*）等珍稀野生动植物物种。此外，还有丰富的野生攀缘植物资源，通过野外采集及标本的整理鉴定，初步确认该区共有攀缘植物40科92属222种（包括种下等级），该区域的攀缘植物区系具备以下特征：①种类组成丰富，地理成分复杂；②区系中热带性地理成分占主导地位；③区系成分相对古老，特有类群丰富，多型性突出；④华东区系特征明显。清凉山国家森林公园境内山高谷深，峰峻崖险，飞瀑流泉，古木参天，珍禽异兽出没，奇花异木遍布。森林公园内有木本植物828种，栖息着野生脊椎动物300多种，是赣东地区十分重要的物种基因库，也是江西省生物多样性的分布中心之一；有国家重点保护野生植物20种，有金雕、云豹、豹、大鲵、红腹锦鸡等33种国家重点保护野生动物，是江西省珍稀动植物分布最集中、最丰富的地区之一。此外，森林公园内有大小瀑布近30个，且形成3个大型瀑布群，它们与溪流、水潭、湖面一起构成了森林公园丰富多彩的水文景观，其分布密度和单体多样性居于全省森林旅游区前列。

据现有资料初步统计，资溪县野生动物资源中有哺乳类、鸟类、两栖类、爬行类、鱼类、软体动物、浮游动物等35目158科770种，其中属国家重点保护野生动物有金雕（*Aquila chrysaetos*）、云豹、黄腹角雉、苏门羚（*Capricornis sumatraensis*）、金钱豹（*Codonopsis javanica*）、红嘴相思鸟（*Leiothrix lutea*）等。属国家一级保护野生动物有14种，包括华南虎（*Panthera tigris*）、金钱豹、云豹、金猫（*Pardofelis temminckii*）、黄腹角雉、白颈长尾雉等。属国家二级保护野生动物67种。水生动物资源以内陆淡水鱼类为主，有40余种，已利用的有30多种，其中重要的经济鱼类有20余种。红隼（*Falco tinnunculus*）、白鹭（*Egretta garzetta*）、苍鹰（*Accipiter gentilis*）等30多种鸟类回归，丰富了生物多样性。由于植被类型的不同，动物的分布也有差异。在常绿林区，以猕猴、黑熊、鼬獾（*Melogale moschata*）、猪獾（*Arctonyx collaris*）、云豹、豹（*Panthera pardus*）为主；常绿阔叶次生林及灌丛则以刺猬（*Erinaceus amurensis*）、华南兔（*Lepus sinensis*）、貉（*Nyctereutes procyonoides*）、狐（*Vulpes vulpes*）、鼬獾（*Melogale moschata*）、狗獾（*Meles meles*）较常见；针阔混交林有竹鼠（*Rhizomyidae*）、黑熊、野猪（*Sus scrofa*）、鬣羚（*Capricornis sumatraensi*s）；而在村庄、农田及其灌木草丛中，以黄鼬（*Mustela sibirica*）和鼠类为主。

第二节　湿地资源概况

湿地是地球表层系统的重要组成部分，是自然界最具生产力的生态系统和人类文明的发祥地之一，是维护国家生态安全的重要基础，在涵养水源、调节气候、改善环境、维护生物多样性等方面具有不可替代的作用。我国为了强化湿地保护和修复，专门针对湿地保护首次立法，于2022年6月1日起正式实施《中华人民共和国湿地保护法》，标志着我国湿地保护全面进入法治化新阶段。湿地生态系统支持了全部淡水生物群落和部分盐生生物群落，兼有水域和陆地生态系统的特点，具有极其特殊的生态功能。资溪县九龙湖湿地公园是国家重要湿地，包括九龙湖汇水区域内的山地、林地，总面积为367.14公顷，其中湿地总面积为127.64公顷，湿地率为34.77%。湿地公园位于武夷山西麓，所在区域属于生态高度敏感区，也是我国重要的生态功能区。

一、湿地资源空间格局

资溪县中部一条隆起地带将全县分成东西两部分，东部河流以泸溪河为主，属信江水系；西部河流以欧溪为主，属抚河水系。资溪县湿地资源空间分布状况如图2-11所示，整体呈现出从东北向西南逐渐减少的分布特征，主要分布在马头山镇，石峡乡和乌石镇尚无湿地分布。

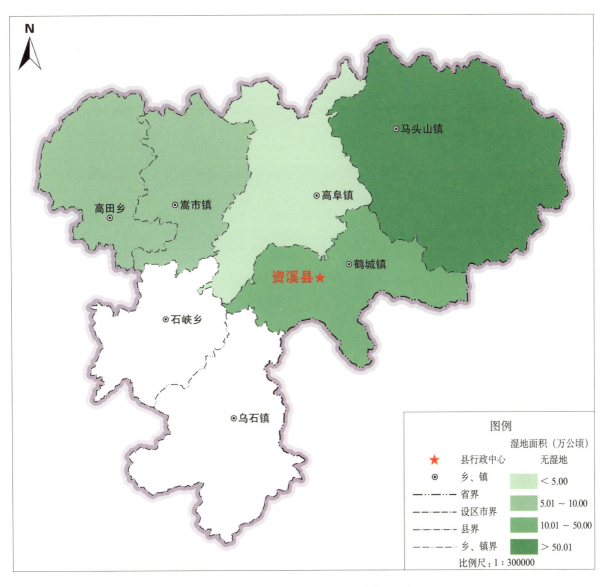

图2-11　资溪县湿地面积空间分布

二、湿地资源数量状况

依据《第三次全国国土调查工作分类地类认定细则》，资溪县湿地类型主要为内陆滩涂。资溪县各乡镇湿地类型及面积比例如图 2-12 所示，马头山镇的湿地面积以占比 74.60% 的份额显著领先；其次为鹤城镇，湿地面积占总面积的 15.62%；高田乡和嵩市镇湿地面积占比分别为 3.44%、4.67%；高阜镇湿地面积占比最低，为 1.67%。

> 内陆滩涂：是指河流、湖泊常水位至洪水位间的滩地；时令湖、河洪水位以下的滩地；水库、坑塘的正常蓄水位与洪水位间的滩地。包括海岛的内陆滩地。不包括已利用的滩地。

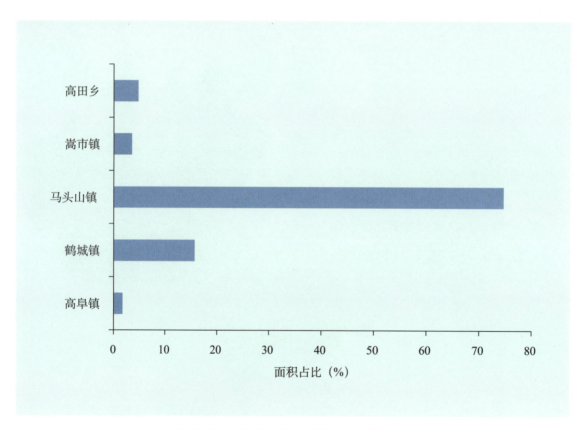

图 2-12　资溪县各乡镇湿地面积占比

三、湿地资源质量分析

湿地是陆地与水体的过渡地带，因此它同时兼具丰富的陆生和水生动植物资源，形成了其他任何单一生态系统都无法比拟的天然基因库和独特的生物环境，特殊的土壤和气候提供了复杂且完备的动植物群落，它对于保护物种、维持生物多样性具有难以替代的生态价值。因此，健康的湿地对于维持人类生存和可持续发展具有重要意义。

资溪九龙湖湿地公园位于资溪县城郊区 8 千米处，发源于福建省光泽县境内的凤形山北麓，属信江水系。九龙湖库区延绵 13 千米，以生态保护型库塘湿地为主，包括人工湿地、河流湿地两大湿地类，库塘湿地、永久性河流湿地、洪泛平原湿地三个湿地型，主要保护对象是独特珍稀物种的栖息地及资溪重要的饮用水源地。

四、湿地生物多样性

资溪九龙湖湿地是我国生物多样性保护的优先区域，依托九龙湖及其周边山区林地，湿地公园形成了一个湿地—森林复合生态系统。湿地公园内的植被具有典型的亚热带、热带植被特点，随处可见大片常绿阔叶林、灌木林、竹林遍布两岸，有高等野生植物 491 种，其中国家一级保护野生植物有红豆杉、银杏等；国家二级保护野生植物有花榈木、蛛网萼和野大豆等。湿地公园内共有脊椎动物 296 种，包括金雕、白颈长尾雉 2 种国家一级保护野生动物，虎纹蛙（*Hoplobatrachus chinensis*）、鸳鸯（*Aix galericulata*）、红隼、白鹇（*Lophura nycthemera*）、猕猴等 20 种国家二级保护野生动物，还有白鹭、绿翅鸭（*Anas crecca*）、花脸鸭（*Sibirionetta formosa*）、斑嘴鸭（*Anas zonorhyncha*）、翠鸟（*Alcedo*）等多种水鸟，具有重要的保护与研究价值。

第三节 草地资源概况

资溪县草地主要是天然草地植物，面积 334 公顷，有 73 科 439 属 838 种。其中，外来植物隶属 59 科 145 属 189 种，包括菊科（26 种）、豆科（17 种）、苋科（12 种）及茄科（11 种）为数量最多的优势科，共计 66 种，占植物总数的 34.92%。菊科的优势最明显，占植物总数的 13.76%，存在明显的优势科现象；从属的水平分析，苋科苋属有 8 种，明显高于其他属，其次为玄参科婆婆纳属和番薯属（各 5 种），剩余的属多数含 1~3 种，优势属现象不明显。

一、草地资源空间格局

资溪县草地资源空间分布状况如图 2-13 所示。资溪县均为其他草地，不同地区的草地资源存在较大差异，整体分布为北部＞南部。资溪县地处闽赣交界的武夷山脉西麓，县境东北部至西南部横亘着武夷山脉，形成东南高、西北低的地势。中部有出云峰、狮子岩、天子嶂、三十六峰一线的隆起带，将全县分成东西两部分。东北部的东、西、南三面层峦叠嶂，连绵起伏，群山之间有泸阳、高阜两块较大的谷地，蜿蜒曲折的泸溪河从峡谷中自南向北穿越资溪县城。鹤城镇境内四山环绕，平均海拔 400 米，是县内较大的宽谷盆地之一，分布着面积较大的草地。

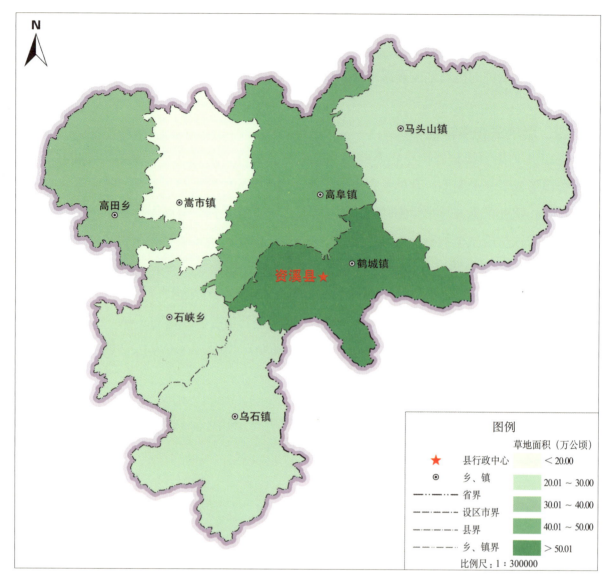

图 2-13　资溪县草地面积空间分布

二、草地资源数量状况

依据《第三次全国国土调查工作分类地类认定细则》，资溪县草地主要为天然牧草地。各乡镇草地面积比例如图 2-14 所示，鹤城镇以 26.95% 的比例位居首位，其次是高阜镇占 20.07%，高田乡、马头山镇、乌石镇和石峡乡草地类型面积占比分别为 16.65%、11.39%、9.80% 和 9.17%，嵩市镇草地类型面积占比最小，为 5.97%。

> 天然牧草地：是指以天然草本植物为主，用于放牧或割草的草地，包括实施禁牧措施的草地，不包括沼泽草地。
> 人工牧草地：是指人工种植牧草的草地。
> 其他草地：是指树木郁闭度 < 0.1，表层为土质，不用于放牧的草地。

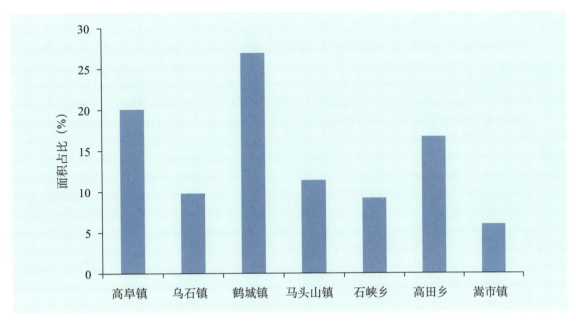

图 2-14 资溪县各地区草地面积占比

三、草地资源质量分析

草地资源具有一切资源的质量和数量的基本特性，草地植被覆盖度可以反映草地的质量等级。按照植被覆盖度将草地生态系统质量分为 5 个等级，分别为优（覆盖度 80% 以上）、良（覆盖度 60% ~ 80%）、中（覆盖度 40% ~ 60%）、差（覆盖度 20% ~ 40%）和劣（覆盖度 20% 以下）。

资溪县草地植被以覆盖度在 80% 的区域为主（图 2-15），占比达到 70.80%，植被覆盖度在 90% 的区域，面积占比仅在 4.17%。整体来看，资溪县草地资源质量以良和中等草地为主，优质草地较少，同时存在一部分质量有待提高的草地。

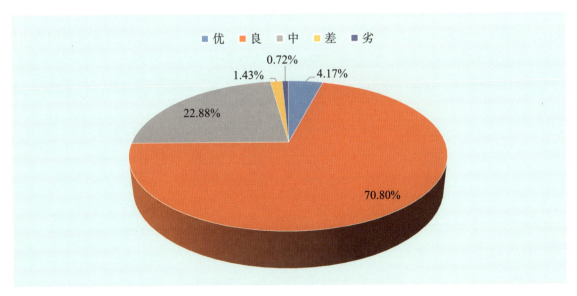

图 2-15 不同等级草地盖度占比

> 用草地草群产量为指标,根据《草场资源调查技术规程》规定,以年内草地产量最高月份的测定值代表草地草群的自然生产力水平,并按鲜草产量将全国草地划分为8级。在编制全国百万分之一草地资源图时,规定按每年产干草划分级,各级标准如下:
> 1级草地:>4000千克;2级草地:3000~4000千克;3级草地:2000~3000千克;4级草地:1500~2000千克;5级草地:1000~1500千克;6级草地:500~1000千克;7级草地:250~500千克。

按照不同等级草地划分依据,资溪县以2级和3级草地为主,分别占草地总面积的30.31%和69.53%;其次为4级草地,面积占比较小,仅为0.16%;等级较低的草地面积较少。

四、草地生物多样性

资溪县植物原产地主要为美洲、亚洲、欧洲,将其原产地进行统计后检索,其中美洲的检索次数(97次)最多,其次为亚洲(40次),最后为欧洲(23次),分别占外来植物总数的51.32%、21.16%、12.17%,其他为非洲、大洋洲、地中海地区等。起源不详的植物有1种,为金盏花(*Calendula officinalis*);起源地不明晰的植物有5种,分别为猪屎豆(*Crotalaria pallida*)、苦瓜(*Momordica charantia*)、婆婆针(*Bidens bipinnata*)、莴苣(*Lactuca sativa*)及双穗雀稗(*Paspalum distichum*);杂交起源的有1种,为黄花月见草(*Oenothera glazioviana*)。分析表明,来自美洲的外来植物种类最多,纬度地区存在重叠,可能与气候条件类似有关。

此外,该地共有兽类43种,隶属8目21科39属43种。兽类中,灵长目、鳞甲目和兔形目各有1种,分别占种数的23%;食虫目3种,占70%;翼手目4种,占93%;偶蹄目5种,占116%;啮齿目8种,占18.8%;食肉目20种,占46.5%。其中,鼬科种数最多,为6种,占种数的14.05%;其次为猫科、鼠科,各5种,分别占11.6%;犬科、灵猫科各4种,占9.3%;鹿科3种,占7.0%;轮鼠科、菊头蝠科各2种,分别占4.7%;猬科、鼠鼱科、鼹科、蹄蝠科、蝙蝠科、猴科、穿山甲科、熊科、猪科、牛科、兔科、豪猪科、竹鼠科各1种,分别占23%。

第三章
资溪县生态空间绿色核算结果

资溪县作为江西重点林业县，山清水秀，空气清新，生态环境综合评价指数位列中部第一、全国前列。对资溪县生态空间生态系统服务功能进行评估，有助于资溪县深入践行绿水青山就是金山银山理念，优化国土空间格局，加强生态保护修复，筑牢生态安全屏障，走生态优先、绿色发展为导向的高质量发展新路子。

第一节 生态空间绿色核算

资溪县生态空间生态产品物质量分别为年涵养水源 4.50 亿立方米，年固碳量 39.27 万吨（碳当量，折合成 CO_2 为 144.12 万吨），年固土量 1144.53 万吨，年保肥量 56.74 万吨，年吸收污染物量 2.02 万吨，年滞尘量 388.96 万吨，年释氧量 102.57 万吨，年植被养分固持量为 1.09 万吨。

资溪县生态空间生态产品总价值见表 3-1，本次核算出生态产品总价值量为 103.38 亿元。其中，森林生态系统为 103.24 亿元/年，草地生态系统为 854.10 万元/年，湿地生态系统为 565.86 万元/年。资溪县生态空间生态产品价值量按照生态系统服务四大类别划分为调节服务、供给服务、支持服务和文化服务，分别占总价值量的 56.74%、23.16%、9.67% 和 10.43%（表 3-1、图 3-1）。

表 3-1 生态空间四大服务核算结果

服务类型	功能类别（亿元/年）		合计（亿元/年）	占比（%）
支持服务	保育土壤	8.68	10	9.67
	养分固持	1.33		

(续)

服务类型	功能类别（亿元/年）		合计（亿元/年）	占比（%）
调节服务	涵养水源	29.19	58.66	56.74
	固碳释氧	17.33		
	净化大气环境与降解污染物	12.14		
供给服务	栖息地与生物多样性保护	19.05	23.94	23.16
	提供产品	4.89		
	湿地水源供给	<0.01		
文化服务	生态康养	10.78	10.78	10.43
合计		103.38	103.38	100.00

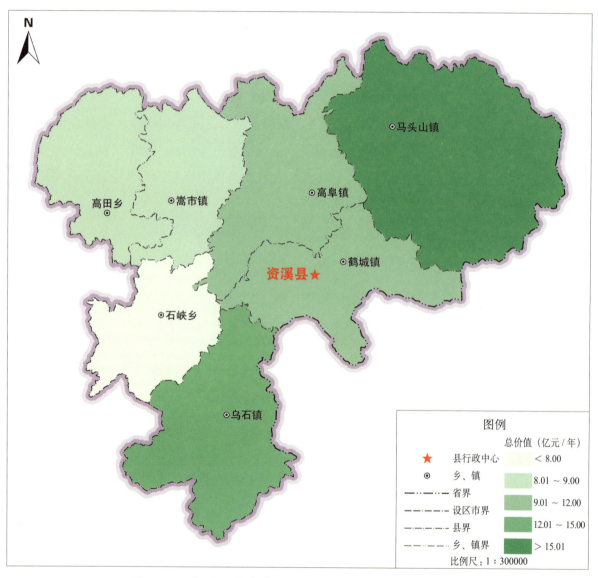

图 3-1　资溪县生态空间生态产品总价值量空间分布

资溪县生态空间生态效益在空间上呈现非均匀分布，生态空间资源面积越大、质量越高、水热条件越好的区域，其生态效益一般越高。这种分布格局特征在生态空间生态效益的自然地理区域空间分布与各乡镇空间分布中均有所体现（图3-1）。从空间分布上看，生态空间生态产品总价值量最高的为马头山镇，占全县生态空间生态产品总价值量的30.13%；其次为乌石镇、高阜镇和鹤城镇，占资溪县生态空间总价值量的41.15%。资溪县生态空间总价值量的分布整体上呈现出东部＞中部＞西部的趋势（图3-1），主要是受各乡镇森林、湿地、草地等生态资源面积及各类型生态系统类型比例差异的影响（图3-2）。例如，马头山镇生态空间总面积最大，其生态效益价值量也最大；乌石镇生态空间总面积大于高阜镇，其价值量也相对较高，乌石镇森林生态系统面积是高阜镇的1.16倍左右，高阜镇草地生态系统面积是乌石镇的2.04倍左右，因此乌石镇生态空间总价值量高于高阜镇。石峡乡和嵩市镇生态空间总面积均大于高田乡，虽然石峡乡无湿地生态系统面积，但森林生态系统面积占比高，森林生态系统价值量是草地生态系统的1000余倍，因此石峡乡生态空间总价值较高。

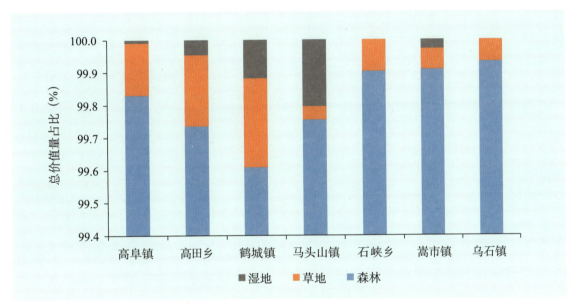

图3-2　资溪县各乡镇不同生态系统类型生态产品总价值量占比

一、生态空间支持服务

生态空间支持服务是指支撑和维护其他类型生态系统服务可持续供给的一类服务，是生态系统服务进行有效配置的关键，对维持生态系统结构、生态系统功能和生态系统恢复力十分重要，其持续性的退化将不可避免地降低人类从其获得的各种收益。生态空间支持服务对于人类福祉的影响通常是间接的，由于缺乏现实的市场环境，以及影响效应需要长时间的积累才能体现，因此在制定生态系统管理相关决策时容易被忽略，进而导致其长期效益被短期效益所取代，从而造成区域生态系统的破坏以及绿色发展能力的下降。资溪县生态空间提供的支持服务一般主要包括保育土壤功能和植被养分固持功能，是为人类提供其他各项服务的根本保障，对于维护资溪县生态平衡和保障人类生命财产安全有不可替代的作用。

> 支持服务：是指生态空间土壤形成、养分循环和初级生产等一系列对于所有其他生态空间服务的生产必不可少的服务。

2020年，资溪县生态空间支持服务价值量为10.00亿元，生态空间支持服务价值量空间分布如图3-3所示，马头山镇生态空间支持服务价值量最高，超过3.10亿元/年；其次为乌石镇、鹤城镇、高阜镇，均超过1亿元/年，以上4个乡镇生态空间支持服务价值量之和占全县生态空间支持服务价值量的76.20%。这主要是由于相较于湿地生态系统和草地生态系统，森林生态系统保育土壤和植被养分固持能力较强，上述乡镇森林资源面积占比较高，因而生态空间支持服务功能较高。

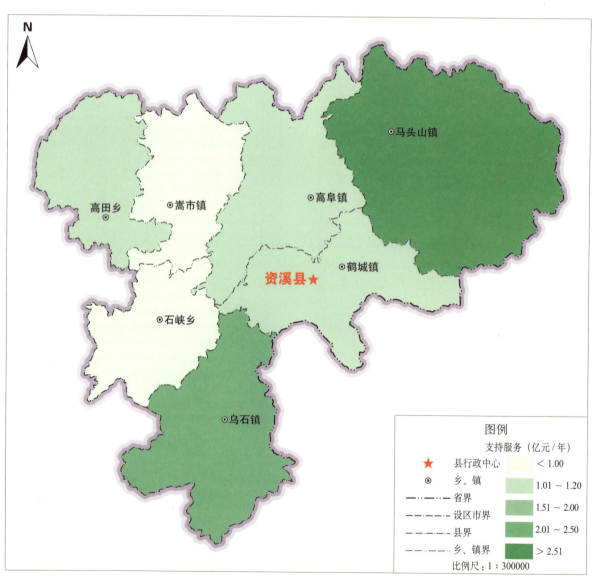

图 3-3 资溪县生态空间支持服务价值量空间分布

二、生态空间调节服务

生态空间调节服务在全球气候方面发挥着至关重要的作用，可以调节全球和区域气候，是河流的重要补给源，对河流径流具有天然调节作用，同时可以改善生态环境，因此，生态空间调节服务具有举足轻重的地位。资溪县生态空间调节服务主要包括涵养水源、固碳释氧、净化大气环境与降解污染物和森林防护4项功能，这些功能的发挥为人类生存、生产、生活提供了良好的条件。

2020年，资溪县生态空间调节服务价值量为58.66亿元，空间分布如图3-4所示，马头山镇生态空间调节服务价值量最高，超过17.55亿元/年；其次为乌石镇、高阜镇、石峡乡、嵩市镇、鹤城镇，均超过5.00亿元/年，以上6个乡镇生态空间调节服务价值量之和占全县生态空间调节服务价值量的91.63%。资溪县生态空间调节服务总体表现为东部＞南部＞中

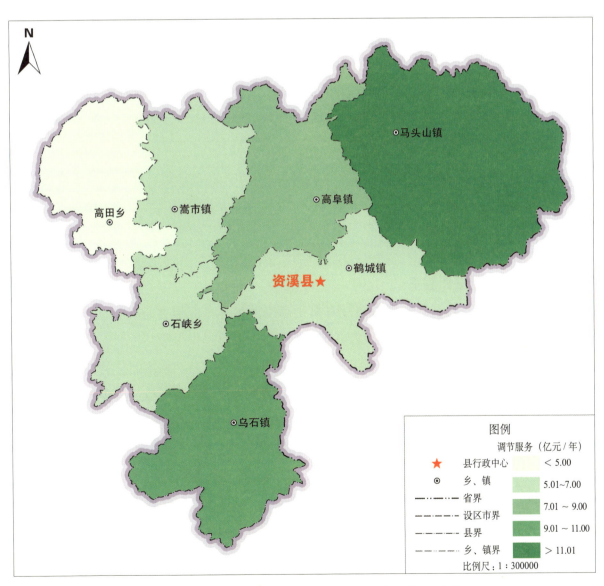

图3-4　资溪县生态空间调节服务价值量空间分布

部＞西部，这主要是由于森林生态系统调节服务显著强于湿地生态系统和草地生态系统，森林生态系统主要分布在东部和南部以及中部地区，因而生态空间调节服务功能较高。

> 调节服务：是指人类从气候调节、疾病调控、水资源调节、净化水质和授粉等生态空间调节作用中获得的各种惠益。

三、生态空间供给服务

生态空间供给服务与人类生活和生产密切相关，所供给产品的短缺对人类福祉会产生直接或间接的不利影响。在过去的时间里，人类为获取经济效益对这些产品的获取常在高于其可持续生产的水平上，通常导致产品产量在快速增长一段时间后最终走向衰退。资溪县生态空间供给服务主要包括提供产品、湿地水源供给和生物多样性与栖息地保护功能，这些功能的发挥与人类福祉息息相关。为获得可持续产品供给服务，要充分考虑生态空间的承载力和恢复力。

> 供给服务：是指人类从生态空间获得的食物、淡水、薪材、生化药剂和遗传资源等各种产品。

2020年，资溪县生态空间供给服务价值量为23.94亿元，其中，森林供给服务价值占99.71%，空间分布如图3-5所示。资溪县生态空间供给服务总体表现为东部＞南部＞中部＞西部，这主要与森林生态系统的分布密切相关。

四、生态空间文化服务

可持续发展是当今社会发展的主题，而生态空间生态系统服务是可持续发展的基础。不同于供给服务、调节服务、支持服务直接为人类生产生活提供保障，生态空间的各生态系统文化服务作为生态系统服务的重要组成部分，是连接社会与自然系统的桥梁，极大地满足了人们的精神需求。因此，深入研究生态空间文化服务不仅便于人们更加全面地认识生态系统，同时使政府决策时能够看到其潜在的社会文化附加价值，从而有利于地区的开发和保护，最终促进生态系统优化管理，保障社会经济的可持续发展。

2020年，资溪县森林旅游综合收入为27.55亿元。旅游综合收入包括基本旅游收入和非基本旅游收入，其中非基本旅游收入包含了旅游者在旅游过程中可能发生的消费支出，如商业、交通、通信等，但部分产业的产值并非为资溪县生态空间文化服务所直接带动。基于此，参考凯恩斯经济学的"乘数原理"，即每产生1元钱的直接消费，可带来3元的间接消费，直接和间接的收益比例为1∶3.12。考虑《中国林业和草原统计年鉴（2019）》中，江西省近十年林业休闲旅游和直接拉动其他产业产值的比例约为1∶1.8，即江西省旅游综合收入中，每产生 1 元钱的直接消费，可带来 1.8 元的间接消费。此外，依据江西省旅游收入（城际交通、市内交通、游览、住宿、餐饮、购物、娱乐、通信、其他收入）中直接涉及森林康养的统计指标所占比例（江西省统计局，2022），结合资溪县旅游综合收入的非基本收入，获取森林康养直接带动的其他产业的产值。以此为依据，计算资溪县生态空间文化服务价值量。

综上，资溪县生态空间文化服务价值量达到 10.78 亿元/年，这是由于各乡镇拥有丰富的森林、湿地资源为主体的风景名胜，吸引着中外游客到此参观游玩，放松身心，同时带动了区域的经济发展。

> 文化服务：是指人类从生态空间获得的精神与宗教、消遣与生态旅游、美学、灵感、教育、故土情结和文化遗产等方面的非物质惠益。

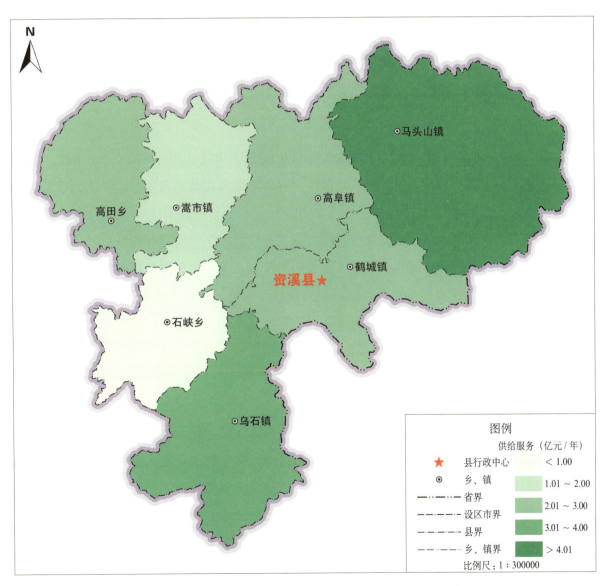

图 3-5　资溪县生态空间供给服务价值量空间分布

第二节 生态空间生态产品绿色核算

一、生态空间绿色"水库"

水是生命之源，是人类赖以生存和发展的物质基础。随着人口增长和经济的快速发展而带来的水环境质量恶化和水资源需求量增加问题加剧，水资源短缺已成为公众关注的全球性热点问题。森林、湿地和草地作为生态空间的重要组成部分，发挥着涵养水源功能的绿色"水库"作用，对缓解水资源短缺和水环境恶化具有重要作用，其关键在于森林生态系统具有调节蓄水径流、缓洪补枯和净化水质等功能；湿地生态系统可以有效储存水分并缓慢释放，将水资源在时间和空间上进行再分配，进而调节洪峰高度，减少下游洪水风险；草地生态系统发挥着截留降水的功能且具有较高的渗透性和保水能力，对于调节径流具有重要意义。

> 绿色"水库"：是指生态空间涵养水源功能，主要体现在蓄水、调节径流、削洪抗旱和净化水质等方面，是调节水量和净化水质功能之和。通过对降水的截留、吸收和下渗，对降水进行时空再分配，减少无效水，增加有效水。

2020 年，资溪县生态空间涵养水源功能总价值量为 29.19 亿元/年，马头山镇、高阜镇、乌石镇、嵩市镇、石峡乡价值量在 3.00 亿元/年以上，合计占资溪县涵养水源价值量的 83.14%。各乡镇生态空间涵养水源绿色"水库"功能在空间上具有不均匀性（图 3-6），呈现出东部＞中部＞西部的格局，与各乡镇降水量"东丰西枯"的空间分布具有一致性，生态空间发挥的绿色"水库"作用在调节水资源分布不平衡、促进水资源合理利用问题上发挥着不可替代的作用。总体而言，资溪县生态空间在涵养水源、改善水环境质量方面贡献突出，充分发挥了生态绿色"水库"作用，可以有效避免水资源枯竭现象的出现，有利于实现资溪县水资源的可持续利用。

二、生态空间绿色"碳库"

生态空间中，森林生态系统固定并减少大气中的二氧化碳，同时向大气中释放氧气，在维持大气二氧化碳和氧气的动态平衡、减少温室效应、缓解气候变化中发挥着不可替代的作用；湿地生态系统土壤温度低、湿度大、微生物活动弱、植物残体分解缓慢，土壤呼吸释放二氧化碳速率低，形成并积累大量的碳；草地生态系统固定二氧化碳形成有机质，对于调节大气组分动态平衡、维持人类生存的最基本条件起着至关重要的作用。森林、湿地、草地生态系统碳中和能力的发挥，对于应对气候变化，争取 2060 年前实现碳中和目标，履行国际义务，树立大国形象至关重要。

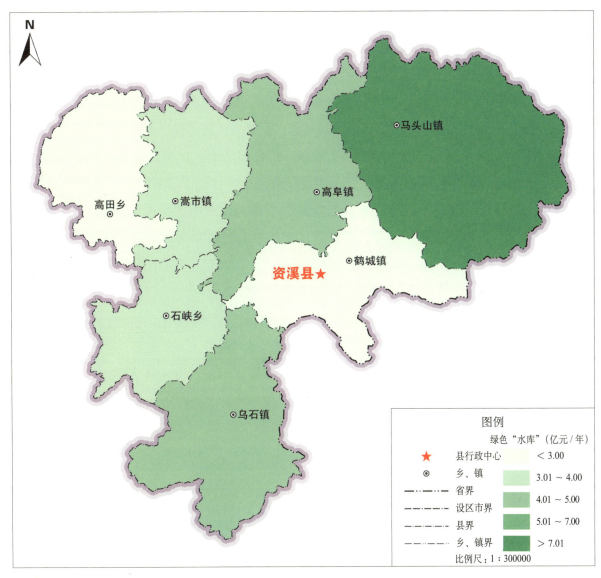

图 3-6 资溪县生态空间绿色"水库"空间分布

　　绿色"碳库"：是指生态空间碳中和功能，生态空间植被层通过光合作用将空气中的二氧化碳合成碳水化合物转化为生物量，同时释放出等当量的氧气。生态空间土壤层也是一个巨大的绿色"碳库"，土壤层通过有机碳的积累和储存，捕获并封存了通过植被层固定并迁移到土壤层的碳。绿色植物的"特异功能"，就是能够进行光合作用，从空气中捕获二氧化碳（灰碳），并转化为葡萄糖（绿碳），再经生化作用合成碳水化合物（绿碳）。生物链就是绿碳链。植物绿碳经由食物链传递，转化为动物体内碳水化合物（绿碳）。与光合作用对应的是呼吸作用。动植物通过呼吸作用把一部分绿碳重新转化为二氧化碳，并释放进入大气（灰碳），另一部分则构成生物机体，在机体内贮存（绿碳）。动植物死后，通过微生物分解作用，尸体中的碳（绿碳）成为二氧化碳排入大气（灰碳）。

2020年，资溪县生态空间生态产品绿色"碳库"功能总价值量为17.33亿元/年，碳当量为39.27万吨/年，折合成144.12万吨/二氧化碳，在应对全球气候变化、发展低碳经济和推进节能减排的过程中发挥着不可替代的绿色"碳库"功能。各乡镇生态空间固碳释氧绿色"碳库"功能空间分布如图3-7所示，整体呈现出东部＞中部＞西部的特征，其中马头山镇价值量为5.47亿元/年以上，乌石镇、高阜镇、石峡乡、鹤城镇、嵩市镇等乡镇价值量在1.80亿元/年以上，合计占资溪县固碳释氧价值量的61.28%。此外，资溪县地处重点生态功能区、国家级生态示范区、国家生态文明建设示范县、首批"国家生态综合补偿试点县"等典型生态区位，长期以来始终坚持"生态立县"，敢为人先探索绿色发展新路，未来伴随着典型生态区生态修复措施的实施，新技术、新能源的使用和碳汇交易的开展，森林、湿地、草地等生态空间的绿色"碳库"功能将显著提高，同时促进全县国民经济的发展，为生态建设提供支持，为全县生态环境的改善作出巨大贡献。

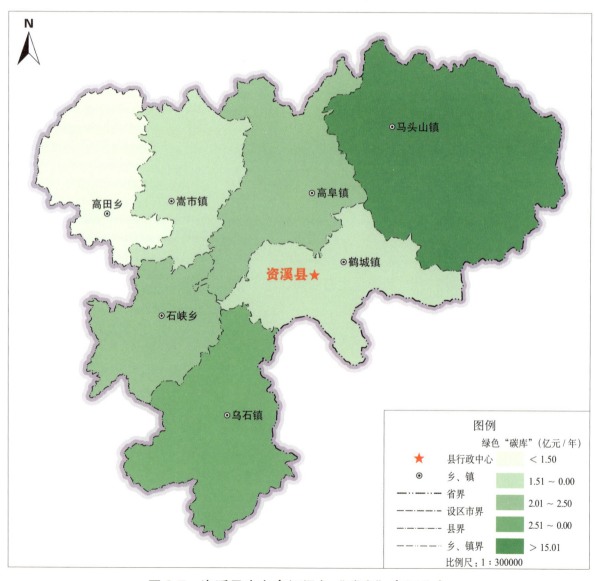

图3-7　资溪县生态空间绿色"碳库"空间分布

研究表明，不同区域生态空间碳中和能力受全球气候变化和人类活动等要素的调控，特别是全球变化可能会促进陆地植被活动，进而影响生态空间碳汇大小，如二氧化碳施肥效应、氮沉降、气候变化和土地覆盖变化等，尤其是近年来极端气候事件频发，给碳达峰碳中和目标的实现带来了严峻挑战。资溪县为实现碳达峰碳中和的"3060"目标，一方面要紧紧围绕"五位一体"总体布局和"四个全面"战略布局，落实"两个屏障""两个基地""一个桥头堡"战略定位，着力构建以生态产业化、产业生态化为核心的绿色现代产业体系；另一方面还需要采取综合措施，发挥多方面的作用，促进森林、湿地、草地生态系统可持续高质量发展，充分发挥森林、湿地、草地等生态系统在减少、吸收和固定二氧化碳中的关键作用。

三、生态空间治污减霾绿色"氧库"

森林可以通过叶片吸附大气颗粒物与污染气体，在净化大气中扮演着重要的角色。此外，森林还可以提供大量的负离子作为一种无形的旅游资源供人类享用。湿地中的芦苇等植物以及微生物对水体中污染物质的吸收、代谢、分解、积累和减轻水体富营养化等具有重要作用，并且湿地由于水体面积大，其对于区域小气候的调节不可忽视。湿地生态系统具有降解和去除环境污染的作用，尤其是对氮、磷等营养元素以及重金属元素的吸收、转化和滞留具有较高的效率，能有效降低其在水体中的浓度；湿地还可通过减缓水流，促进颗粒物沉降，从而将其上附着的有害物质从水体中去除，有效净化水体环境，因此被誉为"地球之肾"；草地生态系统可以滞纳空气中的二氧化硫、粉尘等污染物，美化环境，为人类创造良好的居住环境。

> 治污减霾绿色"氧库"：是指生态空间净化大气、水体环境功能，是提供负离子、吸收气体污染物（二氧化硫、氮氧化物和氟化物）、降解污染、滞纳 TSP、滞纳 PM_{10} 和滞纳 $PM_{2.5}$ 功能之和。

2020 年，资溪县生态空间治污减霾功能总价值量为 12.14 亿元，各乡镇生态空间治污减霾绿色"碳库"功能空间分布如图 3-8 所示，马头山镇、乌石镇、鹤城镇、高田乡和高阜镇等乡镇价值量在 1.00 亿元/年以上，合计占资溪县治污减霾价值量的 86.72%。社会经济的快速发展在使得人民的生活水平提高的同时，增加了环境工业"三废"污染，而资溪县生态空间的治污减霾绿色"氧库"功能在区域清洁发展和创造可持续发展的生态福祉中发挥着重要作用。

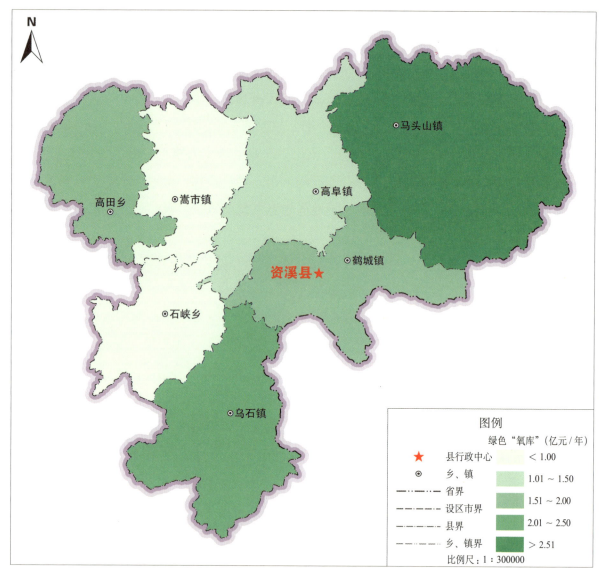

图 3-8　资溪县生态空间绿色"氧库"空间分布

四、生态空间绿色"基因库"

近年来，生物多样性保护日益受到国际社会的高度重视，已经将其视为生态安全和粮食安全的重要保障，提高到人类赖以生存条件和经济社会可持续发展基础的战略高度来认识。2021年10月，联合国《生物多样性公约》第十五次缔约方大会在昆明举办，大会以"生态文明：共建地球生命共同体"为主题，旨在倡导推进全球生态文明建设，强调人与自然是生命共同体，强调尊重自然、顺应自然和保护自然，努力达成公约提出的到2050年实现生物多样性可持续利用和惠益分享，实现"人与自然和谐共生"的美好愿景。

保护生物多样性和景观旨在保护和恢复动植物群落、生态系统和生境以及保护和恢复天然和半天然景观的措施和活动，森林、湿地和草地生态空间作为重要的景观类型，均与维护生物多样性有着明确的关联，同时能够增加景观的审美价值（SEEA，2012）。森林生态系统为生物物种提供生存与繁衍的场所，对其中的动物、植物、微生物及其所拥有的基因及生物的生存环境起到保育作用，而且还为生物进化以及生物多样性的产生与形成提供了条件。湿地生态系统的高度异质性为众多野生动植物栖息、繁衍提供了基地和珍稀候鸟迁徙途中的重要栖息地，因而在保护生物多样性方面具有极其重要的价值。湿地还养育着许多野生物种，从中可培育出商业性品种，给人类带来更大的经济价值。草地生态系统为许多草地大型动物和昆虫提供了栖息地和庇护所，并且多数分布在降水少、气候干旱、生长季节短暂的区域，草本植被独特的耐旱、耐寒特性是目前国内外抗逆性基因研究的重点。森林、湿地和草地等生态空间发挥的生物多样性"基因库"功能为人类社会生存和可持续发展提供了重要支撑，有助于实现"人与自然和谐共生"的美好愿景。

2020年，资溪县生态空间绿色"基因库"总价值为19.05亿元/年（图3-9），占生态空间总价值量的18.43%。总体而言，资溪县生态空间为维护生物多样性发挥着不可替代的作

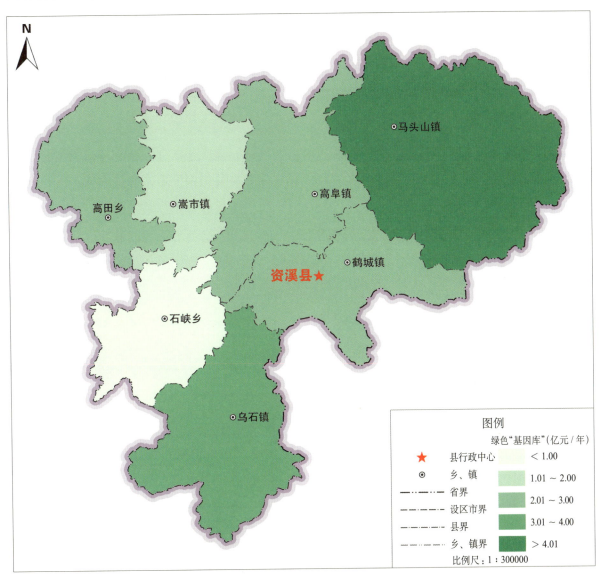

图3-9 资溪县生态空间绿色"基因库"空间分布

用。此外,资溪县地处重点生态功能区、全国重要生态系统保护和修复重大工程区等典型生态区,生态工程的实施将促进生物多样性保护"基因库"功能的提升,重视生态空间生物多样性"基因库"功能,不仅为人类提供福祉,还可以为动植物提供生存生长环境,对于维持区域生态平衡、保护珍稀物种具有重要作用。

> 绿色"基因库":是指生态空间生物多样性保护、生境提供功能。森林生态系统为生物物种提供生存与繁衍的场所,从而对其起到保育作用的功能;湿地生态系统的高度异质性为众多野生动植物栖息、繁衍提供了基地,因而在保护生物多样性方面具有极其重要的价值;草地生态系统多数分布在降水少、气候干旱、生长季节短暂的区域,这些区域往往不适合森林的生长,而草本植被独特的耐旱、耐寒特性是目前国内外抗逆性基因研究的重点。

五、生态空间植被养分固持

植被在生长过程中不断地从周围环境中吸收营养物质固定在植物体内,成为全球生物化学循环不可缺少的环节。地下动植物(包括菌根关系)促进了基本的生物地球化学过程,促进土壤、植物养分和肥力的更新(UK National Ecosystem Assessment,2011)。植被养分固持功能首先是维持自身生态系统的养分平衡,其次才是为人类提供生态系统服务功能。森林、湿地水生植物通过大气、土壤和降水吸收氮、磷、钾等营养物质并贮存在植物体内各器官,其养分固持功能对降低下游水源污染及水体富营养化具有重要作用。草本养分固持从无机环境中获得必需的营养物质,以维持自身的生长发育,这主要是通过生态系统的营养物质循环来实现的,在生物库、凋落物库和土壤库之间进行。其中,生物与土壤之间的养分交换过程是最主要的过程,同时也是植物进行初级生产的基础,对维持生态系统的功能和过程十分重要。

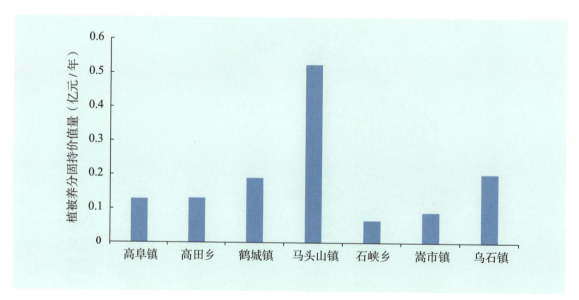

图 3-10 资溪县生态空间植被养分固持功能价值量

资溪县生态空间植被养分固持总价值量为 1.32 亿元/年，各乡镇生态空间植被养分固持价值排序如图 3-10 所示。植被养分固持功能较高的乡镇主要分布在东部地区，主要是因为该区域降水充足，热量充沛，有较大的森林面积，植被生长条件好，故而其生产力较高，而植被养分固持功能与植被的生产力密切相关，所以该区域植被固持氮、磷、钾量较高。

六、生态空间保育土壤

土壤资源是环境中的一个基本组成部分，它们提供支持生物资源生产和循环所需的物质基础，是农业和森林生态系统的营养素和水的来源，为多种多样的生物提供生境，在碳固存方面发挥着至关重要的作用，对环境变化起到复杂的缓冲作用（SEEA，2012）。森林凭借庞大的树冠、深厚的枯枝落叶层，以及网络状的根系截留大气降水，减少雨滴对土层的直接冲击，有效地固持土壤，减少土壤流失量；湿地生态系统具有降低河流流速，减少水库泥沙淤积，减少氮、磷、钾和有机质等营养物质流失的功能，从而发挥着显著的保育土壤功能；草地具有改良土壤、固土、防治沙漠化、防止水蚀和风蚀等方面的作用，草地地下发达且成网络的根系和地上植被，可以固持土壤，不但截留天然降水，还可以大大地减少降雨势能对土壤的直接冲击，从而起到有效的固土保肥作用。

资溪县生态空间保育土壤总价值量为 8.68 亿元/年，各乡镇生态空间保育土壤功能价值量排序如图 3-11 所示。对于资溪县各个乡镇而言，植被不仅在调控土壤侵蚀方面发挥着不可替代的作用，使水土流失从总体上得到控制，而且有利于森林、湿地、草地生态系统的维持和土壤肥力的改善，对提高植被生产力具有重要的作用，进而确保社会、经济、生态的协调持续发展。

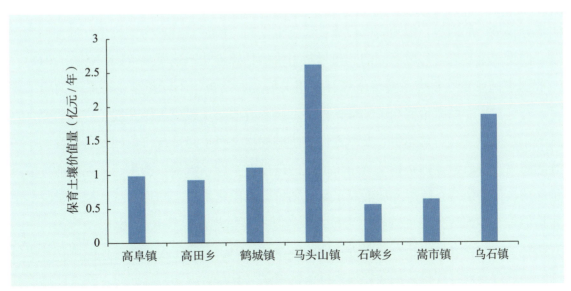

图 3-11　资溪县生态空间保育土壤功能价值量

第三节　森林生态产品绿色核算

优质生态产品是最普惠的民生福祉，是维系人类生存发展的必需品，森林生态系统产生的服务也是最普惠的民生福祉。森林生态产品绿色核算从森林生态系统服务功能物质量与价值量角度对生态产品进行核算，物质量评估能够比较客观地反映生态系统的生态过程，进而反映生态系统服务功能的可持续性（赵景柱等，2000）。量化研究与分析森林生态系统提供的服务功能，对确定它在社会经济发展中的贡献和作用及其对干扰的反应都具有十分重要的意义（郝仕龙等，2010）。依据国家标准《森林生态系统服务功能评估规范》（GB/T 38582—2020），本章将评估森林生态系统服务功能的物质量，研究其空间分布格局和动态变化特征。

生态系统服务是指人们从生态系统中获得的所有惠益。自 20 世纪末，随着 Constanza 等（1997）、Daily 等（1997）学者研究成果的发表，生态系统服务研究引起了国际上的广泛关注，特别是千年生态系统评估（the millennium ecosystem assessment，MA）的开展极大地推动了全球范围内的生态系统服务研究，随后开展的生态系统和生物多样性经济学（the economics of ecosystem and biodiversity，TEEB）研究、生物多样性和生态系统服务政府间科学—政策平台（Intergovernment Science-Policy Platform on Biodiversity and Ecosystem Services，IPBES）、环境经济核算体系试验性—生态系统核算（System of Environment-Economic Accounting 2012-Experimental Ecosystem Accounting，SEEA-EEA）等又逐步推动了各国政府尝试将生态系统价值核算纳入国民经济核算体系。

评估带来的一个直接问题是，即使是在市场上交易的商品也可能因补贴、非竞争性做法或其他举措而导致价格扭曲，因此我们在观察相关产品的基础价值之前必须进行调整。对于大部分环境产品而言，因为它们没有在市场上交易，所以没有参考的价格，这使问题变得复杂，但近三十年来，环境产品的非市场货币价值估算方法迅速发展（UK NEA，2011）。

我国也高度重视生态系统价值核算的相关研究，发布了不同类型生态系统的相关评估规范，并针对生态系统价值相关的理论框架、技术方法与实践应用等开展了广泛研究。特别是党的十八大以来，一系列生态文明建设要求的提出又将生态系统价值相关研究推到了前所未有的高度。价值量评估是指从货币价值量的角度对生态系统提供的生态服务功能价值进行定量评估。许多生态系统服务功能难以量化估价，如净化水质、净化大气环境、景观游憩和文化价值等，本研究采用《森林生态系统服务功能评估规范》（GB/T 38582—2020）中的评估方法和公式，在森林生态系统服务功能价值量评估中，主要采用等效替代原则，并用替代品的价格进行等效替代核算某项评估指标的价值量（SEEA，2003）。同时，在具体选取替代品的价格时应遵守权重当量平衡原则，考虑计算所得的各评估指标价值量在总价值量中所占的权重，使其保持相对平衡。

一、森林生态系统服务功能物质量

通过评估得出,资溪县森林生态系统保育土壤、林木养分固持、涵养水源、固碳释氧、净化大气环境5项服务功能物质量,评估结果见表3-2。

表3-2 资溪县森林生态系统服务功能物质量评估结果

服务类型	功能类别	指标	物质量
支持服务	保育土壤	固土量(万吨/年)	276.93
		减少氮流失(万吨/年)	1.80
		减少磷流失(万吨/年)	0.57
		减少钾流失(万吨/年)	4.75
		减少有机质流失(万吨/年)	15.69
支持服务	林木养分固持	氮固持(万吨/年)	0.52
		磷固持(万吨/年)	0.16
		钾固持(万吨/年)	0.41
调节服务	涵养水源	调节水量(亿立方米/年)	4.50
	固碳释氧	固碳(万吨/年)	39.23
		释氧(万吨/年)	102.47
	净化大气环境	提供负离子量(×10^{22}个/年)	360.92
		吸附二氧化硫(万千克/年)	1917.24
		吸附氟化物(万千克/年)	33.21
		吸附氮氧化物(万千克/年)	59.99
		滞尘量(亿千克/年)	38.84
		滞纳PM_{10}(万千克/年)	165.96
		滞纳$PM_{2.5}$(万千克/年)	56.54

(一)保育土壤功能

土壤资源是环境中的一个基本组成部分,它们提供支持生物资源生产和循环所需的物质基础,是农业和森林系统的营养素和水的来源,为多种多样的生物提供生境,在碳固存方面发挥着至关重要的作用,对环境变化起到复杂的缓冲作用(SEEA,2012)。森林凭借庞大的树冠、深厚的枯枝落叶层以及网络状的根系截留大气降水,减少雨滴对土层的直接冲击,有效地固持土壤,减少土壤流失量。

资溪县森林生态系统固土量为276.93万吨/年,相当于黄河近十年平均输沙量(17900.00万吨)的1.55%(水利部,2022);总保肥物质量为22.81万吨/年,表明资溪县森林生态系统保育土壤功能作用较为显著。

资溪县森林生态系统固土量如图3-12所示,各乡镇以马头山镇固土量为最多,占到资溪县森林年固土总量的35.21%;其次为乌石镇,占比为17.72%;石峡乡占比最低,为7.96%。水土流失是人类面临的重要环境问题,已经成为经济、社会可持续发展的一个重要的制约因素。减少林地的土壤侵蚀模数能够很好地减少林地的土壤侵蚀量,对林地土壤形成很好的保护(Fu et al., 2011)。马头山镇森林面积大,乔木林占比在各乡镇最高,为31.74%,灌木林面积占比为全县的36.70%,森林的冠层、根系及枯落物层,有效地固持土壤,降低了地表径流对土壤的冲蚀,减少林地土壤侵蚀模数,减少土壤流失量,起到较好的固土作用。

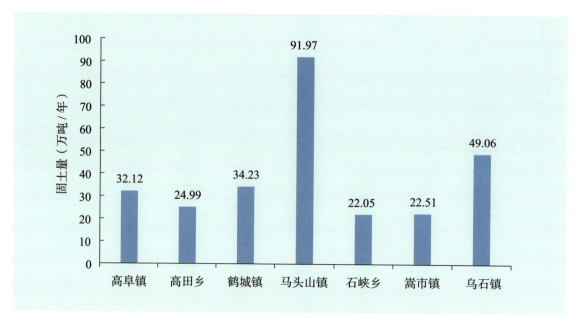

图3-12 资溪县各乡镇森林生态系统固土量分布

森林保育土壤的功能不仅表现为固定土壤,同时还表现为保持土壤肥力。图3-13为森林生态系统氮、磷、钾以及有机质保育量,可以看出马头山镇的森林保肥量为最多,年减少氮、磷、钾和有机质流失量分别为0.46万吨、0.13万吨、1.60万吨和5.89万吨;以石峡乡

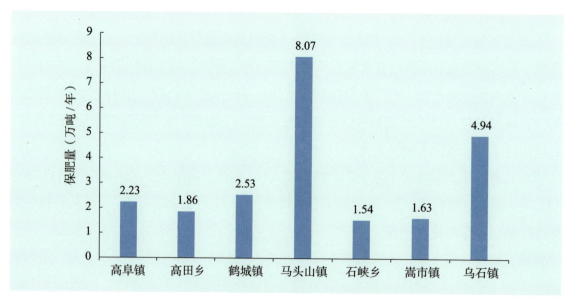

图3-13 资溪县各乡镇森林生态系统保肥量分布

保肥量最少，年减少氮、磷、钾和有机质流失量分别为 0.09 万吨、0.04 万吨、0.32 万吨和 1.09 万吨。保肥功能与森林固土能力相互依存，正是由于马头山镇能够较好地固持土壤，减少土壤的流失，从而使得其保肥的功能也相对较高。

资溪县森林生态系统所发挥的保肥功能，对于保障当地水质安全、生态安全以及促进经济、社会的可持续发展具有十分重要的现实意义。水土流失过程中会携带的大量养分、重金属和化肥进入江河湖库，污染水体，使水体富营养化。土壤贫瘠化还会影响林业经济的发展，资溪县森林生态系统的保肥功能对于维护本地区林业经济的稳定具有十分重要的作用。

（二）林木养分固持功能

森林在生长过程中不断地从周围环境中吸收营养物质固定在植物体内，成为全球生物化学循环不可缺少的环节，地下动植物（包括菌根关系）促进了基本的生物地球化学过程，促进土壤、植物养分和肥力的更新（UK National Ecosystem Assessment，2011）。林木养分固持功能首先是维持自身生态系统的养分平衡，其次才是为人类提供生态系统服务功能。森林通过大气、土壤和降水吸收氮、磷、钾等营养物质并贮存在植物体内各器官，其林木养分固持功能对降低下游水源污染及水体富营养化具有重要作用。而林木养分固持与林分的净初级生产力密切相关，林分的净初级生产力与地区水热条件也存在显著关联（Johan et al.，2000）。林木养分固持功能与固土保肥中的保肥功能，无论从机理、空间部位，还是计算方法上都有本质区别，前者属于生物地球化学循环的范畴，而保肥功能是从水土保持的角度考虑，即如果没有这片森林，每年水土流失中也将包含一定的营养物质，属于物理过程。

资溪县森林生态系统林木养分固持量为 1.09 万吨/年，分布如图 3-14 所示。从图中可以看出，马头山镇林木养分固持量最大，占资溪县林木养分固持总量的 38.53%；其次为乌

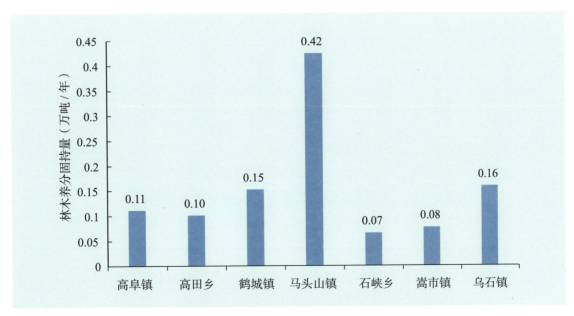

图 3-14　资溪县各乡镇森林生态系统林木养分持量分布

石镇、鹤城镇、高阜镇、高田乡、嵩市镇,林木养分固持量分别占资溪县林木养分固持总量的 14.68%、13.76%、10.09%、9.17% 和 7.34%;最小的是石峡乡,林木养分固持量占比仅为 6.42%。

(三)涵养水源功能

资溪县水资源较为丰富,水资源的主要补给来源为大气降水,赋存形式为地表水、地下水和土壤水,可通过水循环逐年得到更新。由表 3-2 可以看出,资溪县森林生态系统涵养水源调节水量为 4.50 亿立方米/年,充分发挥了绿色"水库"功能,对于维护资溪县水资源安全起着举足轻重的作用。

资溪县各乡镇的森林生态系统涵养水源量如图 3-15 所示。其中,马头山镇最大,约占涵养水源总量的 29.33%;高田乡最小,约占涵养水源总量的 7.33%。马头山镇位于资溪县东北部,属亚热带湿润季风气候,降水量相对丰富,年均降水量多在 1929.9 毫米。同时,马头山镇森林面积占比较高,乔木林和灌木林占全县的比例达到一半以上,森林对降水进行二次分配,减缓径流的形成,减少水资源的流失(Liu,2004),从而使得其涵养水源量最高。高田乡位于资溪县的西部,年均降水量在 1166.4 毫米左右,加上高田乡乔木林面积全县最小,树种少,结构简单,从而使得高田乡涵养水源功能最低。

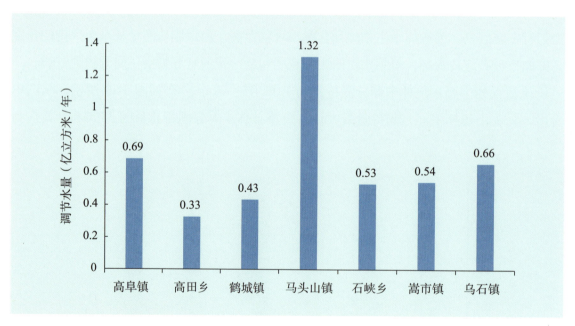

图 3-15 资溪县各乡镇森林生态系统涵养水源量分布

(四)固碳释氧功能

资溪县各分区森林生态系统固碳量如图 3-16 所示。从图中可以看出,马头山镇固碳量最大,高田乡最小。马头山镇固碳量占资溪县森林年固碳总量的 31.91%;其次为乌石镇、高阜镇、石峡乡、鹤城镇、嵩市镇,固碳量分别占资溪县森林年固碳总量的 15.16%、

13.51%、10.93%、10.81%、10.09%；最小的是高田乡，固碳量仅占资溪县森林年固碳总量的 7.59%。

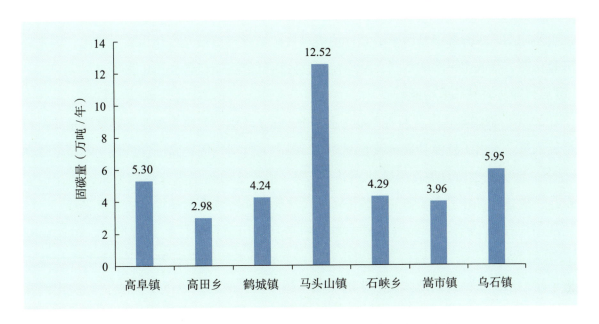

图 3-16　资溪县各乡镇森林生态系统固碳量分布

资溪县各乡镇森林生态系统释氧量如图 3-17 所示。从图中可以看出，马头山镇释氧量最大，占资溪县森林年释氧总量的 31.57%；其次为乌石镇、高阜镇、石峡乡、嵩市镇、鹤城镇，释氧量分别占资溪县森林年释氧总量的 14.62%、13.97%、11.77%、10.53%、10.46%；最小的是高田乡，释氧量仅占资溪县森林年释氧总量的 7.08%。

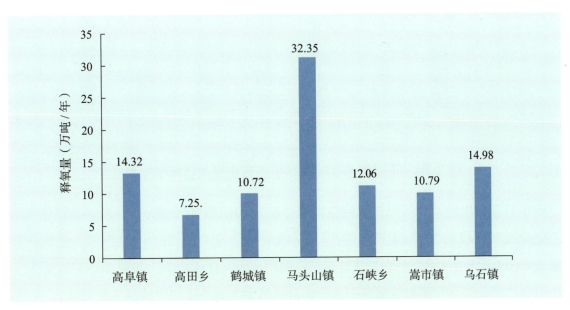

图 3-17　资溪县各乡镇森林生态系统释氧量分布

森林固碳释氧机制是通过森林自身的光合作用过程吸收二氧化碳，并蓄积在树干、根部及枝叶等部位，并释放出氧气，从而抑制大气中二氧化碳浓度的上升，体现出绿色减排的作用（Liu et al., 2012）。马头山镇以其降水条件较好，年均降水量在1929.9毫米以上，再加上雨热同期，水分和温度因子适宜，使得马头山镇森林植被光合作用相对较强，固定较多的二氧化碳，释放出更多的氧气，从而使得其固碳释氧功能在各乡镇中最好。

（五）净化大气环境功能

2020年，资溪县在全江西省100个县(市、区)环境空气质量评比及环境质量综合排名中均位列第一。由于资溪县森林覆盖率为87.7%，境内空气负氧离子含量每立方厘米最高达36万个，全年空气质量优良天数比例达99.7%，高于89.1%的国家考核要求，纯净资溪深入人心，被誉为"最适合洗肺"的城市，天然"大氧库"成为资溪特有的城市名片。

从图3-18可以看出，提供负离子最高的是马头山镇，最低的是嵩市镇，占比分别为35.22%和7.55%。马头山镇位于武夷山脉中段腹地，森林覆盖率95%，水文条件优越，降水量丰富，水源条件好的地区其产生的负离子越多（张维康，2015）。因此，马头山镇森林产生负离子的能力最强，产生负离子的量最多。

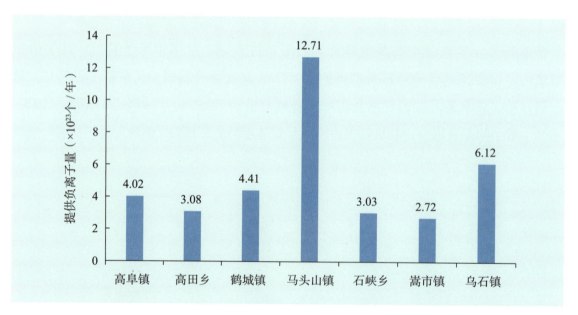

图3-18 资溪县各乡镇森林生态系统提供负离子量分布

资溪县森林生态系统吸收气体污染物的总量为2010.44万千克/年，资溪县森林生态系统二氧化硫吸收量为1917.24万千克/年、氟化物吸收量为33.21万千克/年、氮氧化物吸收量为59.99万千克/年，表明森林具有一定的净化大气环境功能。从图3-19可以看出，马头山镇森林吸收气体污染物量最多，占资溪县森林生态系统吸收气体污染物总量的30.79%，乌石镇占资溪县森林年吸收污染物总量的19.04%；最小的是石峡乡，吸收污染物仅占到资溪县森林吸收污染物总量的6.16%。

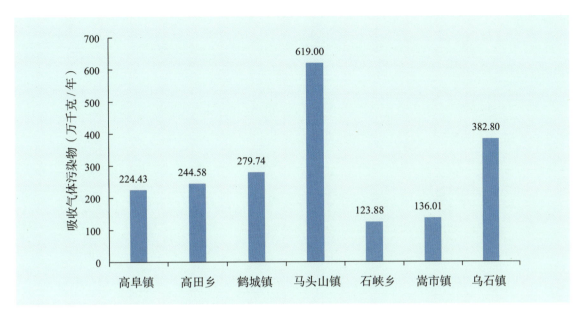

图 3-19　资溪县各乡镇森林生态系统吸收气体污染物分布

资溪县森林生态系统滞尘量、滞纳 PM_{10} 及 $PM_{2.5}$ 的总量分别为 38.84 亿千克/年、165.96 万千克/年及 56.54 万千克/年。从图 3-20 至图 3-22 可以看出，以马头山镇森林生态系统滞尘量为最大，其森林滞尘量、滞纳 PM_{10} 及 $PM_{2.5}$ 的量分别占相应总量的比值均在 29.00% 左右，最小的是石峡乡，其森林滞尘量、滞纳 PM_{10} 及 $PM_{2.5}$ 的量分别占相应总量的比值均在 7.00% 左右。

森林滞尘作用表现：一方面，由于森林茂密的林冠结构，可以起到降低风速的作用。随着风速的降低，空气中携带的大量空气颗粒物会加速沉降；另一方面，由于植物的蒸腾作用，树冠周围和森林表面保持较大湿度，使空气颗粒物容易降落吸附。最为重要的还在于树体蒙尘之后，经过降水的淋洗滴落作用，使得植物又恢复了滞尘能力（牛香，2017）。受污

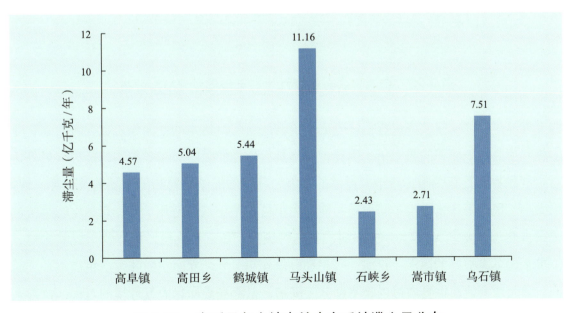

图 3-20　资溪县各乡镇森林生态系统滞尘量分布

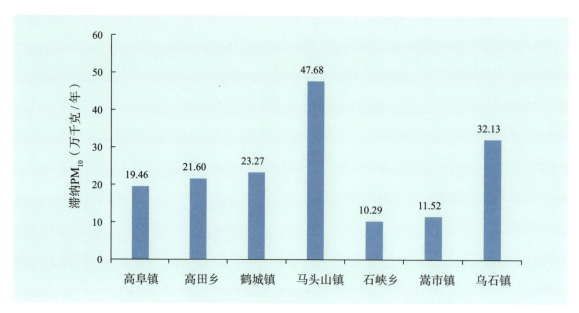

图 3-21 资溪县各乡镇森林生态系统滞纳 PM_{10} 分布

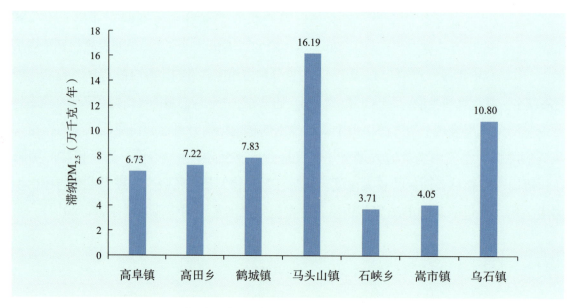

图 3-22 资溪县各乡镇森林生态系统滞纳 $PM_{2.5}$ 分布

染的空气经过森林反复洗涤过程后，变成了清洁的空气。树木的叶面积总数很大，森林叶面积的总和为其占地面积的数十倍。因此，森林具有较强的吸附滞纳颗粒物的能力。另外，植被对空气颗粒物具有吸附、滞纳、过滤的功能，其吸附滞纳颗粒物能力随植被种类、地区、面积大小、风速等环境因素不同而异，能力大小可相差十几倍至几十倍。森林生态系统被誉为"大自然总调度室"，因其一方面对大气的污染物，如二氧化硫、氟化物、氮氧化物、粉尘、重金属具有很好的阻滞、过滤、吸附和分解作用；另一方面，树叶表面粗糙不平，通过茸毛、油脂或其他黏性物质可以吸附部分沉降物，最终完成净化大气环境的过程，改善人们的生活环境，保证社会经济的健康发展（张维康，2015）。

二、森林生态系统服务功能价值量

优质生态产品是最普惠的民生福祉,是维系人类生存发展的必需品,森林生态系统产生的服务也是最普惠的民生福祉。依据国家标准《森林生态系统服务功能评估规范》(GB/T 38582—2020),本部分对资溪县各乡镇森林生态系统服务功能的价值量开展评估研究。

经济评估确定产品对个人的货币价值。无论这些产品是否与生态系统服务有关,经济学都试图根据人们为了获得有关产品而准备放弃其他产品来衡量其价值。最明显的衡量标准(也是与决策最相符的衡量标准)是明确个人愿意为该产品支付的金额,即人们的"支付意愿"(willingness to pay,WTP)。本研究核算得出,资溪县森林生态产品总价值为 103.24 亿元/年。森林孕育着巨大的自然财富,为绿色发展提供了重要的物质基础。随着自然资源市场的不断发展,森林资源在国民经济中占据越来越重要的位置。所评估的 8 项功能价值量见表 3-3。

表 3-3 资溪县森林生态产品价值量评估结果

乡镇	支持服务(亿元/年)		调节服务(亿元/年)			供给服务(亿元/年)		文化服务(亿元/年)	总计(亿元/年)
	保育土壤	林木养分固持	涵养水源	固碳释氧	净化大气环境	生物多样性保护	林木产品供给	森林康养	
高阜镇	0.99	0.13	4.44	2.41	1.42				
高田乡	0.92	0.13	2.11	1.24	1.56				
鹤城镇	1.1	0.19	2.8	1.82	1.69	—	—	—	—
马头山镇	2.61	0.52	8.57	5.47	3.5				
石峡乡	0.56	0.06	3.44	2.02	0.76				
嵩市镇	0.63	0.09	3.52	1.82	0.85				
乌石镇	1.87	0.2	4.28	2.54	2.34				
合计	8.68	1.32	29.16	17.31	12.12	19.04	4.83	10.78	103.24

在 8 项森林生态服务功能价值的贡献之中(图 3-23),其从大到小的顺序为涵养水源、生物多样性保护、固碳释氧、净化大气环境、森林康养、保育土壤、林木产品供给和林木养分固持。资溪县各项森林生态系统服务功能价值量所占总价值量的比例能够充分体现出该区域森林生态系统及森林资源结构的特点。涵养水源、生物多样性保护及固碳释氧功能价值量占比分别为 28.24%、18.44% 和 16.77%,凸显了森林涵养水源、生物多样性保护及固碳释氧投资少、代价低、综合效益大,更具经济可行性和现实操作性的特点,再次证明了森林是陆地上最大的绿色"水库"、最大的绿色"基因库"和最经济的绿色"碳库",森林生态系统具有显著的调节水量、净化水质、生物资源保育和碳中和功能。通过工业节能减排的空间是有限的,森林具有碳中和能力,对改善气候有着巨大和不可替代的作用。作为陆地生态系统的主体,在面对生态环境恶化和全球气候变化的过程中,需要提升森林的减排能力,为工业

排放治污拓宽容量空间，保障经济的可持续增长。森林还可以减轻气候变化所产生的部分影响，特别是能调节土壤和林冠下的温度，为动物和游客提供阴凉地。林地覆盖物能够提供荫蔽，避免强风，减少热量损失和土壤侵蚀（Gardiner et al.，2006）。森林在溪流的遮阴可以调节温度，有利于鱼类生存（UK NEA，2011）。

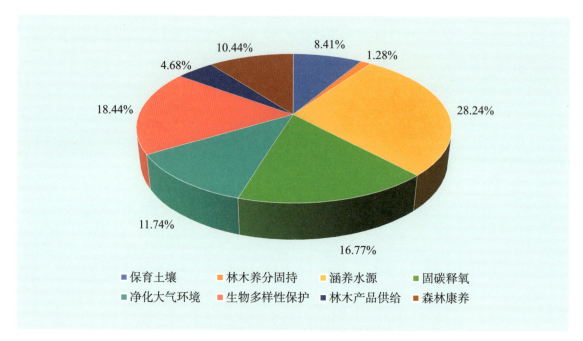

图 3-23 资溪县森林生态系统服务功能价值量占比

森林生态系统每年提供的涵养水源、保育土壤总价值量为 37.84 亿元。森林生态系统凭借庞大的林冠，发达的根系和枯枝落叶层保育土壤、涵养水源。由此可见，资溪县森林生态系统对于涵养水源，调节径流，防止水土流失，改善区域小气候，抵御旱灾、洪灾、风灾、泥石流等自然灾害等方面具有重要作用，同时也是维护生态安全以及防灾减灾的主要措施和手段。

生物多样性保护是指森林生态系统为生物物种提供生存与繁衍的场所，起到保育功能，其价值是森林生态系统在物种保育中作用的量化。森林生态系统，尤其是天然林生态系统结构复杂，其中孕育着多种多样的动植物资源以及珍贵的基因资源，对于全区乃至全球的生态安全具有重要的意义。可持续利用生物多样性是推动保护生物多样性、维持生态系统服务、保证人类社会经济发展的一种生物多样性利益方式，是应对开发、栖息地丧失及其他威胁生物多样性因素的有效措施（IPBES，2014）。

林木养分固持功能价值量为 1.32 亿元/年，该功能在保障区域水系、土壤安全和健康中发挥着重要作用。森林生态系统可以使土壤中部分营养元素暂时地保存在植物体内，之后通过生命循环进入土壤，这样可以暂时减少因为水土流失而带来的养分元素的损失；而一旦土壤养分元素损失就会带来土壤贫瘠化，若想保持土壤原有的肥力水平，就需要向土壤中通过人为的方式输入养分，而这又会带来一系列的问题和灾难（Tan et al.，2005）。因此，林木养分固持功能能够很好地维持土壤的营养元素水平，对林地健康具有重要的作用。

资溪县森林植被覆盖率极高，在现代化林业发展的过程中，人们也将森林生态效益的相关内容纳入林业资产核算当中，这就使得林业资产核算体系更加完善，从而有利于我国社会经济的稳定发展。森林作为一种重要的可再生自然资源，为经济社会可持续发展作出的贡献越来越受到社会的重视，将生态文明建设融入经济建设、政治建设、文化建设、社会建设各方面和全过程，着力推进绿色发展，把资源消耗、环境损害、生态效益纳入经济社会发展评价体系开展森林资源核算，生动地诠释森林产品和服务对国家和地区经济发展的贡献，科学量化森林资源资产的经济、生态、社会和文化价值，有效调动全社会造林、营林、护林的积极性，引导人类合理开发利用森林资源，积极参与保护生态环境，共同建设资源节约型和环境友好型社会。资溪县各乡镇森林生态服务功能价值量见表3-3。

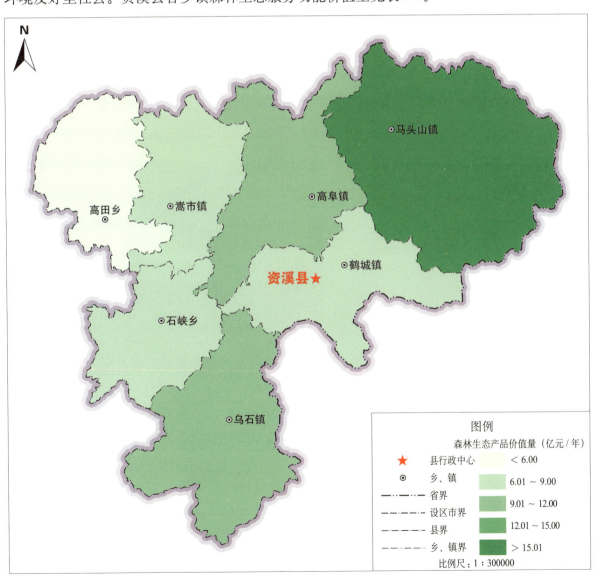

图3-24　资溪县森林生态产品总价值量空间分布

除林木产品供给功能和森林康养功能外,各乡镇的森林生态产品价值量分布如图3-24所示。资溪县各乡镇森林生态产品价值量的分布呈现明显的规律性。森林生态产品总价值量最高的乡镇为马头山镇,占区域森林生态系统服务价值量的30.29%;最低的乡镇是石峡乡,占区域森林生态系统服务价值量的8.90%(图3-24)。

(一)保育土壤作用

土壤是地表的覆盖物,充当着大气圈和岩石圈的交界面,是地球的最外层。土壤具有生物活性,并且是由有机和无机化合物、生物、空气和水形成的复杂混合物,是陆地生态系统中生命的基础(UK National Ecosystem Assessment,2011)。土壤养分增加可能会影响土壤碳储量,对土壤化学过程的影响较为复杂(UK National Ecosystem Assessment,2011)。

保育土壤功能价值量最高的乡镇是马头山镇,占区域保育土壤总价值量的30.07%;最低的是石峡乡,仅占区域保育土壤总价值量的6.45%(图3-25)。森林生态系统的固土作用极大地保障了生态安全以及延长了水库的使用寿命,为本区域社会经济发展提供了重要保障。

图3-25 资溪县各乡镇森林生态系统保育土壤功能价值量占比

(二)林木养分固持作用

氮循环最显著的趋势是土地管理中氮肥的使用和自然生态系统大气中的氮沉降增多,陆地生境中的氮含量越来越多(UK National Ecosystem Assessment,2011)。林木养分固持功能价值量最高的乡镇是马头山镇,占全区域林木养分固持总价值量的39.39%;最低的乡镇为石峡乡,仅占全区域林木养分固持总价值量的4.55%(图3-26)。天然陆地生境的养分循环依赖于不同季节的植物和土壤微生物氮的分配(Bardgett et al.,2005),并且在许多生境,植物养分的获得很大程度上是由陆地上的根瘤菌决定的(Smith & Read,2008b)。林木养分固持功能在土壤贫瘠地区发挥的功效对经济社会发展具有重要意义。

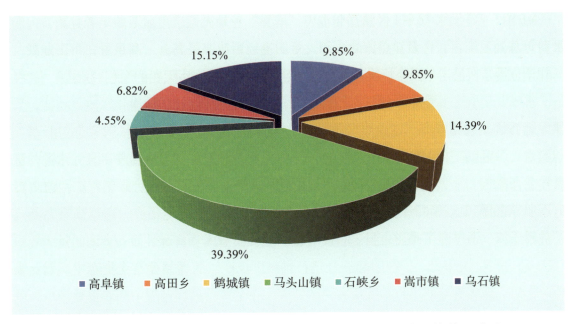

图 3-26　资溪县各乡镇森林生态系统林木养分固持功能价值量占比

(三) 涵养水源功能的绿色"水库"作用

我国水资源供给结构性矛盾突出,部分地区水资源过度开发,经济社会用水大量挤占河湖生态水量,水生态空间被侵占,流域区域生态保护和修复用水保障、水质改善等面临严峻挑战(自然资源部,2020)。如果在一个农场的划定区域内种植了树木,用于维护和恢复环境功能,农场的水蚀将大大降低,而其水质将会得到提升(SEEA,2012)。涵养水源功能价值量最高的乡镇是马头山镇,占区域涵养水源总价值量的 29.39%;最低的乡镇是高田乡,占区域涵养水源总价值量的 7.24%(图 3-27)。

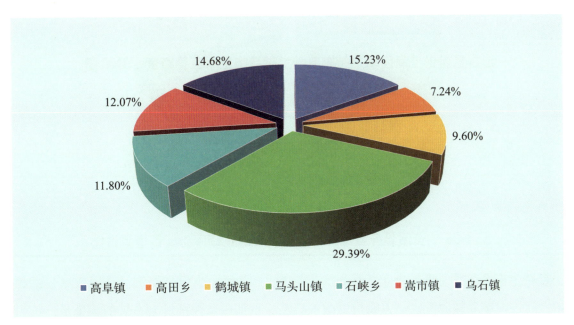

图 3-27 资溪县各乡镇森林生态系统绿色"水库"功能价值量占比

一般而言，建设水利设施用以拦截水流、增加贮备是人们采用最多的工程方法，但是建设水利等基础设施存在许多缺点，如占用大量的土地、改变了其土地利用方式等。此外，水利基础设施还存在使用年限等情况。森林能够涵养水源，是一座天然的绿色"水库"，森林的绿色"水库"功能主要是指森林具有的蓄水、调节径流、缓洪补枯和净化水质等功能。只要森林生态系统不遭到破坏，其涵养水源功能是持续增长的，极大地保障了区域的用水安全。丰富的水资源可以支持森林的生长，反过来，茂密的森林又可以促进涵养更多的水源。资溪县森林生态系统绿色"水库"功能在改善水资源时空分布不均匀的问题上具有至关重要的作用。

（四）固碳释氧功能的绿色"碳库"作用

林地最重要的调节服务之一是其有能力固碳（UK National Ecosystem Assessment, 2011）。通过负反馈作用，生物圈能够将化石燃料燃烧产生的碳储存在生物圈中，起到临时的碳汇作用。森林是陆地生态系统最大的碳储库，在全球碳循环过程中起着重要作用。就森林对储存碳的贡献而言，森林面积占全球陆地面积的27.6%，森林植被的碳贮量约占全球植被的77%，森林土壤的碳贮量约占全球土壤的39%（李顺龙，2005）。森林固碳机制是通过森林自身的光合作用过程吸收二氧化碳，并蓄积在树干、根部及枝叶等部分，从而抑制大气中二氧化碳浓度的上升，有效地起到了绿色减排的作用。固碳释氧功能价值量最高的乡镇是马头山镇，占区域固碳释氧总价值量的31.58%；最低的乡镇是高田乡，占区域固碳释氧总价值量的7.16%（图3-28）。

图3-28　资溪县各乡镇森林生态系统绿色碳库功能价值量占比

森林生态系统作为陆地上最大的绿色"碳库"，已经成为促进经济社会绿色增长的有效载体。加快发展森林建设，一方面可以增加碳汇，抵消中和经济社会发展的碳排量，扩大资源环境容量，提升经济发展空间；另一方面可以壮大以森林资源为依托的绿色产业，改变传统的产业结构和发展模式，促进经济发展转型升级和绿色增长，发展循环经济和低碳技术，使经济社会发展与自然相协调。

（五）净化大气环境功能的净化环境"氧库"作用

研究表明，树木每年吸收的净污染可以使死于空气污染的人数减少 5～7 人，使因空气污染而住院的人数减少 4～6 人。根据生命和住院费用的贴现值计算，英国每年可从中获益 90 万英镑（Powe and Willis，2004）。净化大气环境功能价值量最高的乡镇是马头山镇，占区域净化大气环境总价值量的 28.88%；最低的乡镇是嵩市镇和石峡乡，分别仅占区域净化大气环境总价值量的 7.01% 和 6.27%（图 3-29）。

森林生态系统净化环境"氧库"功能，即为林木通过自身的生长过程，从空气中吸收污染气体，在体内经过一系列的转化过程，将吸收的污染气体降解后排出体外或者储存在体内；并且林木通过林冠层的作用，加速颗粒物的沉降或者吸附滞纳在叶片表面，进而起到净化大气环境的作用，极大地降低了空气污染物对人体的危害。此外，森林可以提供大量的负离子供人类享用，让人类可以在紧张的工作生活后前往森林放松。

图 3-29　资溪县省各乡镇森林生态系统净化环境"氧库"功能价值量占比

（六）生物多样性保护功能的生物多样性"基因库"作用

生物多样性是生态环境的重要组成部分，是人类共同的财产，在人类的生存、经济社会的可持续发展和维持陆地生态平衡中占有重要的地位。20 世纪 90 年代，森林在野生生物保护和生物多样性方面的价值得到越来越多的认可，森林为许多物种提供赖以生存的栖息地，如猛禽、鸣禽、植物、真菌和无脊椎动物等（UK National Ecosystem Assessment，2011）。资溪县森林生物多样性保护功能价值量为 19.04 亿元 / 年，占森林生态系统服务总价值量的

18.38%。森林生态系统是巨大的生物多样性"基因库"，加强生物多样性的保护工作可以维护生态系统的稳定，保障区域生态安全。资溪县各乡镇森林生态系统生物多样性"基因库"功能价值量占比如图3-30所示。

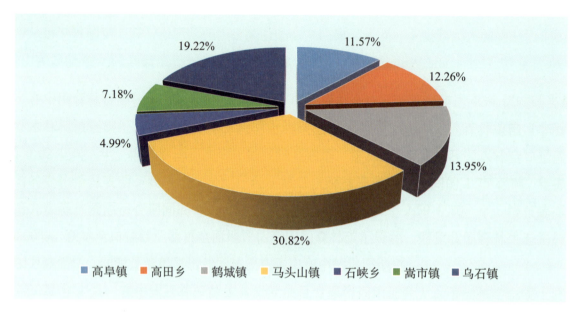

图3-30 资溪县各乡镇森林生态系统生物多样性"基因库"功能价值量占比

第四节 湿地生态产品绿色核算

湿地是分布于陆地生态系统和水域生态系统之间，具有独特水文、土壤与生物特征，兼具水陆生态作用过程的生态系统，是地球生命支持系统的重要组成单元之一。湿地所提供的粮食、鱼类、木材、纤维、燃料、水、药材等产品，以及净化水源、改善水质、减少洪水和暴风雨破坏、提供重要的鱼类和野生动物栖息地、维持整个地球生命支持系统的稳定等服务功能，是人类社会发展的基本保证。近年来，随着工农业的迅猛发展和城镇化进程的不断加快，湿地利用与保护之间的矛盾日益突出。出于对湿地资源的有效保护和可持续利用的忧虑，如何科学地评价湿地生态系统服务功能及其价值已成为湿地生态学与生态经济学急需研究的问题之一。对于湿地生态系统进行服务功能评估，有利于为资溪县湿地资源保护与开发决策的制定提供生态经济理论支持。

一、湿地生态系统服务功能物质量

资溪县湿地生态系统服务功能总物质量见表3-4。总体来说，资溪县湿地生态系统保育壤功能中，减少泥沙淤积物质量为490.64吨/年，降解水体污染物功能和提供产品功能，两者物质量分别为297.60吨/年和205.36吨/年。

表 3-4　资溪县湿地生态系统服务功能物质量

服务类别	功能类别	指标分项	物质量
支持服务	保育土壤	减少泥沙淤积（吨/年）	486.0
		减少氮流失（吨/年）	0.40
		减少磷流失（吨/年）	0.03
		减少钾流失（吨/年）	0.90
		减少有机质流失（吨/年）	3.31
支持服务	水生植物养分固持	氮固持（吨/年）	0.82
		磷固持（吨/年）	0.01
		钾固持（吨/年）	5.49
调节服务	涵养水源	调节水量（万立方米/年）	11.02
	固碳释氧	固碳（吨/年）	37.86
		释氧（吨/年）	90.54
	降解水体污染物	降解COD量（吨/年）	294.73
		降解氨氮量（吨/年）	1.17
		降解总磷量（吨/年）	1.70
供给服务	提供产品	水生植物（吨/年）	20.32
		水生动物（吨/年）	185.04
	湿地水源供给	水源供给（万立方米/年）	5.29

（一）涵养水源功能

湿地生态系统在全球的水循环中的作用不容忽视，具有巨大的水文调节和水文循环功能，对维护全球生态系统动态平衡具有重要的意义，尤其在蓄水防旱、调蓄洪水方面发挥着重要的绿色"水库"功能。资溪县各乡镇湿地生态系统涵养水源功能物质量为11.02万立方米/年，

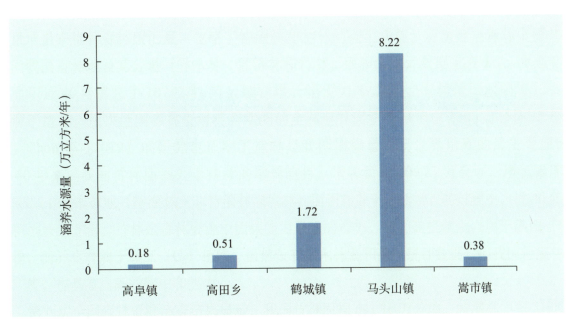

图 3-31　资溪县湿地生态系统涵养水源物质量

如图 3-31 所示，马头山镇、鹤城镇、高田乡涵养水源物质量较高，合计占总区域的 94.88% 以上；石峡乡和乌石镇所属区域没有湿地资源。

（二）固碳释氧功能

由于全球变化引起的一系列问题越来越受到国际社会的关注，而湿地生态系统在缓解气候变化方面发挥着重要的绿色"碳库"功能。湿地生态系统自身丰富的植物资源在生长、代谢、死亡过程中，年复一年地积累着大量的有机碳资源，生长期释放大量氧气。资溪县各乡镇湿地生态系统固碳和释氧功能物质量分别为 37.86 吨/年和 90.54 吨/年，如图 3-32、图 3-33 所示，

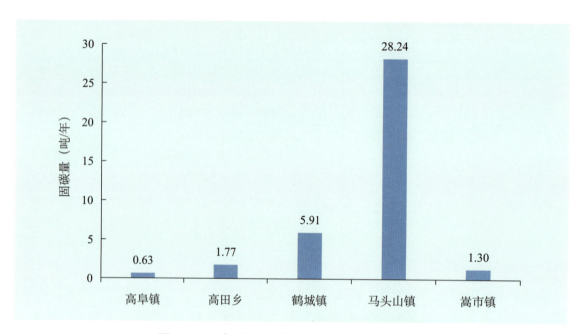

图 3-32　资溪县湿地生态系统固碳物质量

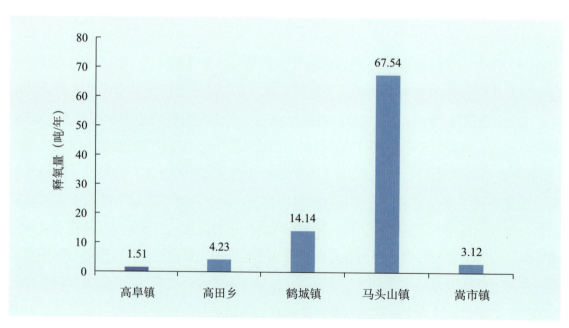

图 3-33　资溪县湿地生态系统释氧物质量

马头山镇固碳和释氧物质量最高，占比均在70%以上；其次是鹤城镇，固碳量和释氧量占比均在15.00%以上。

（三）降解水体污染物功能

湿地生态系统本身特有的物理化学性质使其具有强大的净化功能，尤其对于有机污染物、氮、磷、重金属等的吸收、转化等具有较高的效率。此外，湿地还具有调节区域小气候的功能，使局部的空气温度和湿度更适合人类生存。资溪县各乡镇降解污染物的物质量为297.6吨/年，如图3-34所示，最高为马头山镇，占比达到74.60%；其次为鹤城镇和高田乡，二者降解水体污染物之和占总量的20.29%。

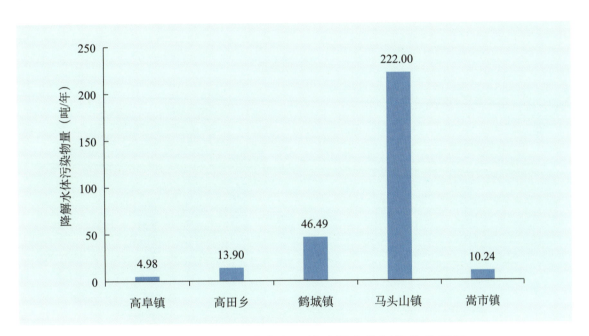

图3-34　资溪县湿地生态系统降解水体污染物物质量

二、湿地生态系统服务功能价值量

资溪县湿地生态系统服务功能总价值量为565.86万元/年（表3-5）。其中，提供产品价值量最大，其次为涵养水源功能，降解水体污染物居其后，上述功能价值量之和占总价值量的93.59%。

资溪县各乡镇湿地生态系统生态产品功能价值量空间分布如图3-35所示。湿地生态系统服务功能价值量最高的是马头山镇，占湿地生态产品总价值量的74.68%；最低的乡镇是高阜镇，仅占湿地生态产品总价值量的1.62%。整体呈现出东部区域较高、西部区域较低的特征。

表 3-5 资溪县湿地生态产品价值量

乡镇	支持服务（万元/年）		调节服务（万元/年）			供给服务（万元/年）			总计（万元/年）
	保育土壤	养分固持	涵养水源	固碳释氧	降解水体污染物	水源供给	提供栖息地	提供产品	
高阜镇	0.21	0.06	0.65	0.20	0.68	0.08	—	—	—
高田乡	0.59	0.17	2.57	0.58	1.97	0.24	—	—	—
鹤城镇	1.97	0.57	8.76	2.08	6.70	0.80	—	—	—
马头山镇	9.42	2.72	41.42	9.94	31.65	3.83	—	—	—
嵩市镇	0.43	0.13	1.85	0.53	1.42	0.18	—	—	—
合计	12.62	3.65	55.25	13.33	42.42	5.13	32.9	400.56	565.86

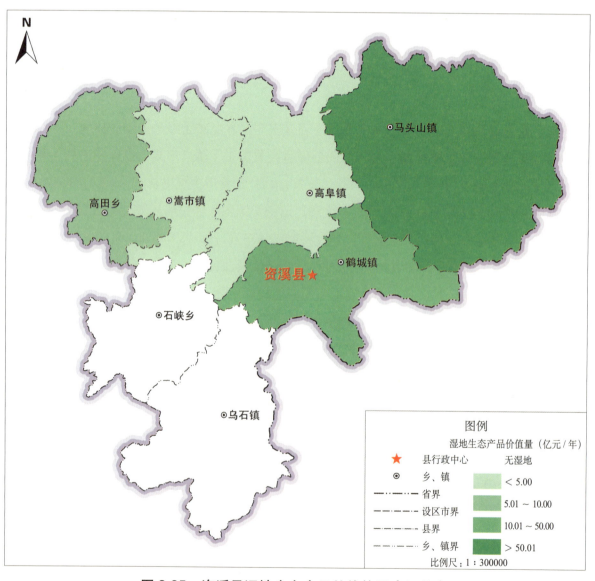

图 3-35 资溪县湿地生态产品总价值量空间分布

(一)涵养水源功能的绿色"水库"作用

资溪县湿地生态系统涵养水源价值量为 55.25 万元/年,其中较高的为马头山镇和鹤城镇,两地涵养水源的价值量总和为 50.18 万元,占比在 90.00% 以上(图 3-36)。

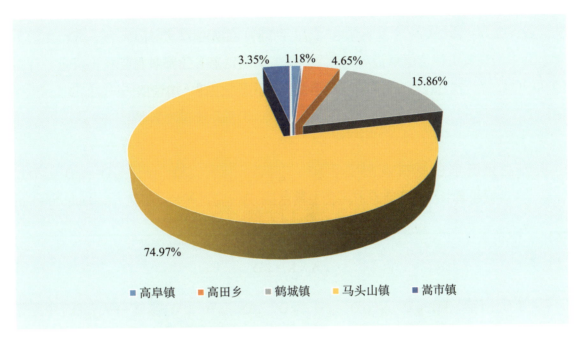

图 3-36　资溪县湿地生态系统绿色"水库"价值量占比

(二)固碳释氧功能的绿色"碳库"作用

资溪县各乡镇湿地生态系统绿色"碳库"功能价值量为 13.33 万元/年,分布如图 3-37 所示。其中,马头山镇价值量最高;其次是鹤城镇,以上乡镇固碳释氧价值量合计占全县的

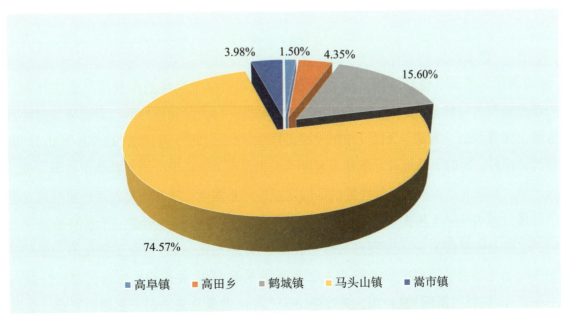

图 3-37　资溪县湿地生态系统绿色"碳库"价值量占比

90.17%。由于湿地生态系统碳积累量较大，当湿地被破坏时会对全球的气候变化产生重大影响，因此湿地保护工作不容懈怠。

（三）降解污染物功能的净化环境"氧库"作用

湿地生态系统在为地区提供清洁空气、保护人体健康方面发挥重要的治污减霾"氧库"功能。资溪县各乡镇湿地生态系统绿色"氧库"功能价值量为 42.42 万元/年，分布如图 3-38 所示。其中，马头山镇价值量最高；其次是鹤城镇，以上乡镇降解污染物价值量合计占全县的 90.40%。在当前日益严重的环境污染状况下，较大面积的湿地对空气净化起到重要的作用。

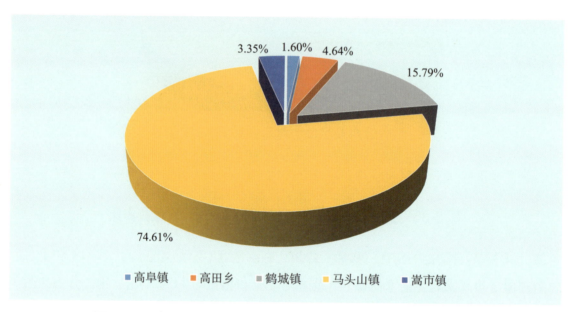

图 3-38　资溪县湿地生态系统净化环境"氧库"价值量占比

第五节　草地生态产品绿色核算

草地被称为"地球皮肤"，是陆地上面积最大的生态保护屏障，其特有的防风固沙、涵养水源、保持水土、净化空气以及维护生物多样性等综合功能，在保护生态安全方面具有不可替代的作用。同时，草地也是地球上最脆弱的生态资源，广泛分布在其他植被类型难以延伸的干旱、高寒等自然环境最为严酷的广阔地域，一旦遭到破坏，恢复的难度将远远大于海洋、森林、湿地等生态系统，甚至无法还原。对草地生态系统服务功能进行评估有助于帮助政府制定生态补偿政策，促进资源的合理利用与可持续发展。

一、草地生态系统服务功能物质量

资溪县草地生态系统服务功能总物质量见表 3-6。

表 3-6 资溪县草地生态系统服务功能物质量

服务类别	功能类别	指标分项		物质量
支持服务	保育土壤	减少土壤风力侵蚀（万吨/年）		867.55
		减少氮流失（万吨/年）		8.00
		减少磷流失（万吨/年）		0.95
		减少钾流失（万吨/年）		9.69
		减少有机质流失（万吨/年）		15.29
	草本养分固持	氮固持（吨/年）		10.71
		磷固持（吨/年）		1.86
		钾固持（吨/年）		12.37
调节服务	涵养水源	调节水量（万立方米/年）		34.69
	固碳释氧	固碳（万吨/年）		0.04
		释氧（万吨/年）		0.09
	净化大气环境	吸收气体污染物	吸收二氧化硫（万千克/年）	7.16
			吸收氟化物（万千克/年）	0.13
			吸收氮氧化物（万千克/年）	0.23
		滞尘	滞纳TSP（万吨/年）	0.56
			滞纳PM_{10}（万千克/年）	0.45
			滞纳$PM_{2.5}$（万千克/年）	0.04
供给服务	提供产品	草畜产品（万吨）		0.07

（一）涵养水源功能

草地生态系统凭借其地面覆盖、土壤疏松多孔和由细根组成的庞大根系，在降水时不易形成地表径流，显著地增加壤中流，能够起到良好的截留降水和净化水质的作用，同时可以补充地下水和调节河川流量，而且比空旷裸地具有更高的渗透性和保水能力，对涵养土壤中

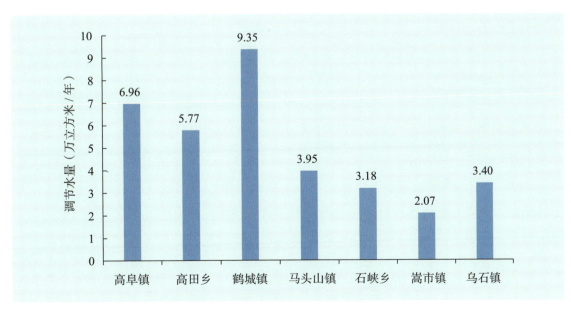

图 3-39 资溪县草地生态系统调节水量

的水分具有重要的意义。资溪县草地生态系统涵养水源功能总物质量为34.69万立方米/年，各乡镇调节水量分布如图3-39所示。其中，鹤城镇、高阜镇、高田乡涵养水源物质量较高，合计占总区域的63.67%以上。

（二）固碳释氧功能

草地生态系统通过光合作用过程与大气中的物质进行交换，主要固定并减少大气中的二氧化碳，同时产生并增加大气中的氧气，这对维持地球大气中的二氧化碳和氧气的动态平衡、减少温室效应以及提供人类生存的基本条件有着不可替代的作用。资溪县各乡镇草地生态系统固碳和释氧功能物质量分别为388.36吨/年和851.68吨/年（图3-40、图3-41）。

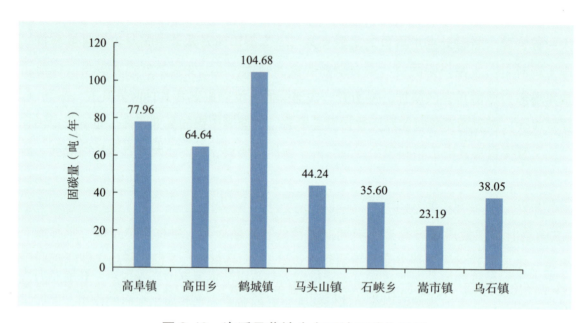

图3-40 资溪县草地生态系统固碳物质量

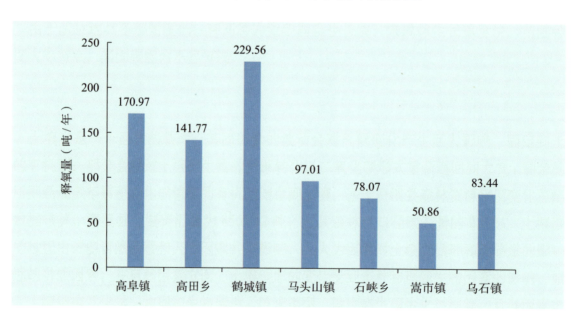

图3-41 资溪县草地生态系统释氧物质量

其中，鹤城镇固碳和释氧物质量最高，固碳量及释氧量占比均在 26.95% 左右；其次是高阜镇、高田乡，固碳量均在 60.00 吨/年以上，释氧量在 140.00 吨/年以上，二者固碳量和释氧量合计占比相似，均占全区域的 36.00% 以上。

（三）净化大气环境功能

草地生态系统吸收二氧化硫、氟化物、氮氧化物等大气污染物，同时滞纳空气颗粒物，发挥着净化大气环境功能。资溪县各乡镇吸收气体污染物量为 7.51 万千克/年（图 3-42），最高的为鹤城镇，占比达到 26.95%；其次为高阜镇、高田乡，二者吸收气体污染物之和占总量的 36.72%。

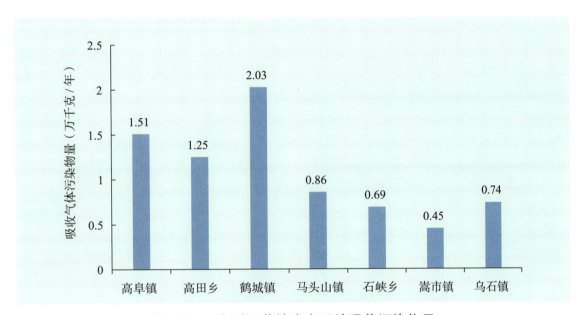

图 3-42　资溪县草地生态系统吸收污染物量

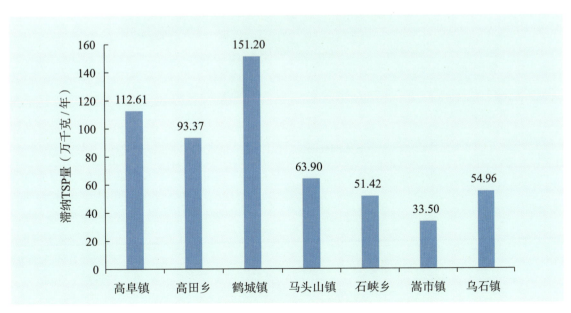

图 3-43　资溪县草地生态系统滞纳 TSP 量

草地对空气颗粒物有吸附滞纳、过滤的功能，资溪县滞纳 TSP 量为 560.96 万千克/年，如图 3-35 所示，最高的乡镇为鹤城镇，其次为高阜镇、高田乡、马头山镇，上述区域草地滞纳 TSP 之和占总量的 75.06%。其中，鹤城镇滞纳 PM_{10} 和 $PM_{2.5}$ 物质量最高，占比为 26.05%，其次为高阜镇、高田乡、马头山镇，占比均在 11.00% 以上（图 3-43）。

二、草地生态系统服务功能价值量

资溪县草地生态系统服务功能总价值量为 854.10 万元/年（表 3-7）。其中，涵养水源价值量最大，净化大气环境、提供产品、固碳释氧价值量位居其后，上述功能占总价值量的 64.54%

除供给服务外，资溪县各区域草地生态系统生态产品价值量空间分布如图 3-44 所示，草地生态产品价值量最高的是鹤城镇和高阜镇，占区域草地生态产品总价值量的 47.03%；最低的乡镇是嵩市镇，仅占草地生态产品总价值量的 5.97%。整体呈现出中部丘陵区域较

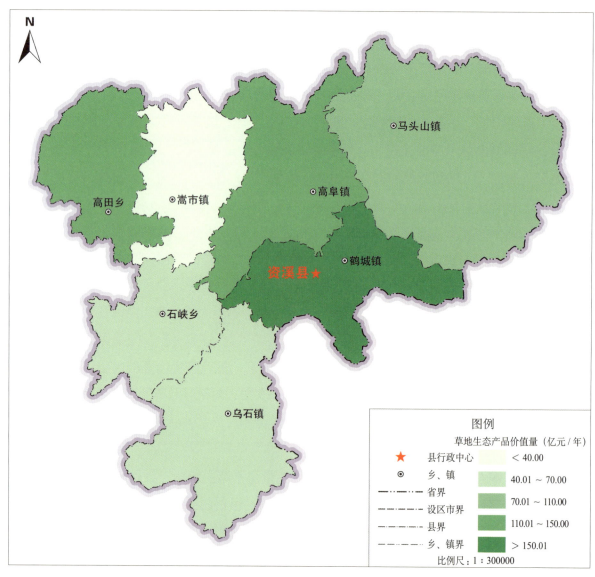

图 3-44　资溪县草地生态产品总价值量空间分布

表 3-7　资溪县草地生态产品价值量

乡镇（县、区）	支持服务（万元/年）		调节服务（万元/年）			供给服务（万元/年）		总计（万元/年）
	保育土壤	草本养分固持	涵养水源	固碳释氧	净化大气环境	生境提供	提供产品	
高阜镇	5.00	5.38	43.92	32.42	37.19	15.22	—	—
高田乡	4.15	4.46	35.71	26.28	30.26	12.25	—	—
鹤城镇	6.71	7.22	54.74	40.73	48.15	19.99	—	—
马头山镇	2.84	3.05	25.23	18.16	20.80	8.46	—	—
石峡乡	2.28	2.46	20.47	16.06	16.37	6.71	—	—
嵩市镇	1.49	1.6	12.44	9.62	10.65	3.96	—	—
乌石镇	2.44	2.62	19.47	17.35	15.21	7.04	—	—
合计	24.91	26.79	211.98	160.61	178.63	73.63	177.55	854.1

高，东部和北部较低。

（一）涵养水源功能的绿色"水库"作用

草地生态系统不仅具有较高的渗水性，而且还能截留降水、保水，尤其是对于干旱地区的水循环与水资源的合理利用发挥着重要的绿色"水库"功能。资溪县草地生态系统涵养水源价值量为 211.98 万元/年，最高的为鹤城镇、高阜镇、高田乡，三地涵养水源的价值量总和为 134.37 万元，占比在 63.00% 以上（图 3-45）。

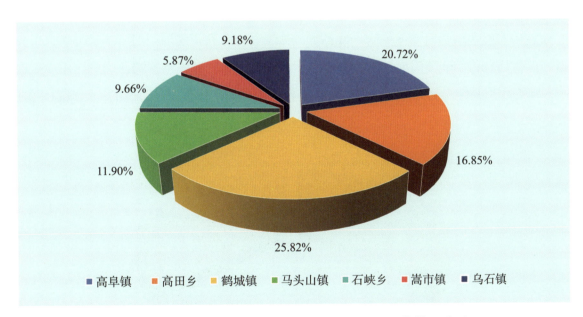

图 3-45　资溪县草地生态系统绿色"水库"价值量占比

（二）固碳释氧功能的绿色"碳库"作用

草地植物通过光合作用吸收二氧化碳，通过呼吸作用释放氧气，草地生态系统吸收大量的碳作为土壤有机质并储存在土壤中，对保持大气平衡、维持人类正常生活起着基本的绿色"碳库"功能。资溪县各乡镇草地生态系统绿色"碳库"功能价值量为 160.61 万元/年，分布如图 3-46 所示,其中,鹤城镇价值量最高,其次是高阜镇、高田乡,以上乡镇价值量合计占全区域的 61.90%。由于草地生态系统碳积累量较大,当草地被破坏时会对全球的气候变化产生重大影响,因此草地保护工作不容懈怠。

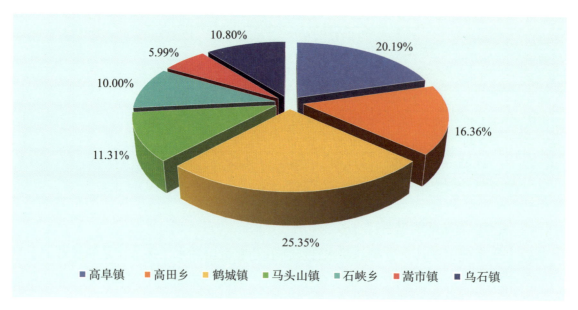

图 3-46　资溪县草地生态系统绿色"碳库"价值量占比

(三)净化大气环境功能的净化环境"氧库"作用

草地中有很多植物对空气中的一些有害气体具有吸收转化能力,同时还具有吸附尘埃净化空气的作用,它们能吸附大气中的尘埃和一些有害气体,并能将其转化为蛋白质或无毒性盐类。草地生态系统在为地区提供清洁空气、保护人体健康方面发挥重要的治污减霾"氧库"

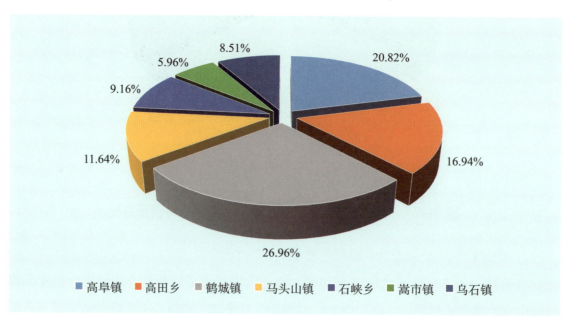

图 3-47　资溪县草地生态系统净化环境"氧库"价值量占比

功能。资溪县各乡镇草地生态系统绿色"氧库"功能价值量为178.63万元/年（图3-47）；其中，鹤城镇价值量最高，其次是高阜镇、高田乡，以上乡镇价值量合计占全区域总价值量的64.71%。在当前日益严重的环境污染状况下，较大面积的草地对空气净化起到重要的作用。

（四）生物多样性保护功能的生物多样性"基因库"作用

草地生态系统是生物多样性的重要载体之一，不仅为生物提供丰富的基因资源和繁衍生息的场所，还有效控制有害生物的数量，是一个重要的生物多样性"基因库"。资溪县各乡镇草地生态系统绿色"基因库"功能价值量占比如图3-48所示。其中，鹤城镇价值量最高，其次是高阜镇、高田乡，以上乡镇价值量合计占全区域的64.46%。广阔的草地不仅可以饲养大量的家畜，而且繁育着大量的野生动物，为许多昆虫提供了庇护所，对于维持生态平衡、保障生态安全有重要意义。

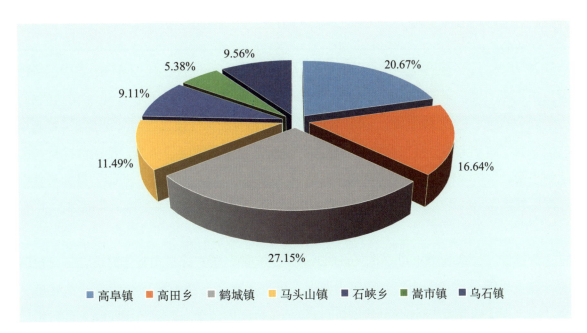

图3-48　资溪县草地生态系统生物多样性"基因库"价值量占比

第四章
资溪县森林全口径碳中和

2020年9月，习近平总书记在第七十五届联合国大会一般性辩论上宣布，"中国将提高国家自主贡献力度，采取更加有力的政策和措施，二氧化碳排放力争于2030年前达到峰值，努力争取2060年前实现碳中和"。2021年11月，在格拉斯哥气候大会前，我国正式将其纳入新的国家自主贡献方案并提交联合国。碳中和是指通过采取除碳等措施，使碳清除量与排放量达到平衡，即中和状态；碳达峰与碳中和一起，简称"双碳"。实现"双碳"目标是党中央经过深思熟虑作出的重大战略决策，事关中华民族永续发展和构建人类命运共同体。

> 碳达峰（peak carbon dioxide emissions）：广义说，碳达峰是指某个时点，二氧化碳的排放不再增长达到峰值，之后逐步回落。根据世界资源研究所的介绍，碳达峰是一个过程，即碳排放首先进入平台期并可以在一定范围内波动，之后进入平稳下降阶段。

> 碳中和（carbon neutrality）：是指企业、团体或个人测算在一定时间内直接或间接产生的温室气体排放总量，通过植树造林、节能减排等形式，抵消自身产生的二氧化碳排放量，实现二氧化碳"零排放"。

目前，实现"双碳"目标已纳入《中共中央关于制定国民经济和社会发展第十四个五年规划和二〇三五年远景目标的建议》。实现碳中和的两个决定因素是碳减排和碳增汇，虽然碳捕获利用与封存（carbon capture utility and storage，CCUS）也有所贡献，但目前而言，其实现大规模的实际应用存在很大的困难，短期内不会成为碳固存的主要方式。

> 碳捕获利用与封存（carbon capture utility and storage，CCUS）：是指通过物理、化学和生物学的方法进行二氧化碳的捕集、封存与利用。

因此，本章针对资溪县森林资源的特点，基于资溪县2020年森林资源年度变化监测评价数据与第三次全国国土调查对接融合后得到资源数据、中国森林生态系统定位观测研究网络（CFERN）的长期观测数据，应用森林全口径碳中和研究方法，对资溪县森林植被全口径碳中和进行精准分析。

第一节　森林全口径碳中和理论和方法

森林生态系统碳汇研究涉及多学科、多时空尺度、多数据集，传统生物量估测方法在获取高精度、大尺度植被生物量时存在局限性，不能及时反映大尺度上森林生态系统碳汇动态变化及环境状况，因此需要多种新技术手段作为支撑。在森林碳汇中通常使用样地实测法、材积源生物量法、净生态系统交换法和遥感判读法4种方法，但碳汇测算方法不同，其数据来源和测定结果也存在一定差异，精准分析森林植被的碳汇能力对于我国践行碳中和战略尤为重要。目前，推算森林碳汇量采用的材积源生物量法存在明显的缺陷，导致我国森林碳汇能力被低估。全口径碳汇可以真实地反映林业在生态文明建设战略总体布局中的作用和地位，为地区践行碳中和提供科技支撑。

随着人类社会的发展，温室气体的大量排放引起严重的全球气候变化问题，随之而来的便是碳中和成为网络高频热词，百度搜索结果约1亿个！与其密切相关的森林碳汇也成为热词，搜索结果超过1200万个。森林作为陆地生态系统的重要组成部分，包含了陆地生物圈45%以上的碳，在全球碳平衡中扮演着重要角色。IPCC报告指出，1995—2005年全球森林吸收了60亿～87亿吨碳，相当于同时期化石燃料燃烧排放二氧化碳的12%～15%（IPCC，2007）。精准评价森林生态系统的碳汇能力，对于实现"3060"目标尤为重要。森林的不断扩张（即在森林达到稳定状态之前）已被确定为增加碳储量和减缓气候变化的手段；生长速度快的物种与土地质量更好的区域不仅固碳速度快，还可以迅速生产出可利用的木材（UK National Ecosystem Assessment，2011）。2020年，国际知名学术期刊《自然》发表的多国科学家最新研究成果显示，2010—2016年中国陆地生态系统年均吸收约11.1亿吨碳，吸收了同时期人为碳排放的45%。该数据表明，此前中国陆地生态系统碳汇能力被严重低估。2021年，国家林业和草原局新闻发布会介绍，我国森林资源中幼龄林面积占森林面积的60.94%。中幼龄林处于高生长阶段，伴随森林质量的不断提升，其具备较高的固碳速率和较大的碳汇增长潜力，这对我国实现碳中和起着重要作用。

> 森林碳汇资源：为能够提供碳汇功能的森林资源，包括乔木林、竹林、特灌林、疏林、未成林造林、非特灌林灌木林、苗圃地、荒山灌丛、城区和乡村绿化散生林木等。
>
> 森林全口径碳汇＝森林资源碳汇（乔木林碳汇＋竹林碳汇＋特灌林碳汇）＋疏林地碳汇＋未成林造林地碳汇＋非特灌林灌木林碳汇＋苗圃地碳汇＋荒山灌丛碳汇＋城区和乡村绿化散生林木碳汇＋土壤碳汇。

在中国森林资源核算第三期研究结果中，中国森林全口径碳汇每年达4.34亿吨碳当量，即乔木林植被层碳汇2.81亿吨/年、森林土壤碳汇0.51亿吨/年、其他森林植被（非乔木林）1.02亿吨/年。根据我国历次森林资源清查数据，核算近40年来我国森林全口径碳汇能力的变化情况表明，我国森林碳汇已经从第二次森林资源清查期间的1.75亿吨/年提升到第九次森林资源清查期间的4.34亿吨/年，森林碳汇增长了2.59亿吨/年，增长幅度为148.00%。森林全口径碳汇能更全面地评估我国的森林碳汇资源，避免我国森林生态系统碳汇能力被低估，同时还能彰显出我国林业在碳中和中的重要地位。

2021年1月，在中国森林资源核算研究项目专家咨询论证会上，中国科学院院士蒋有绪、中国工程院院士尹伟伦肯定了森林全口径碳中和这一理念，对森林生态服务价值核算的理论方法和技术体系给予高度评价。尹伟伦表示，生态价值评估方法和理论，推动了生态文明时代森林资源管理多功能利用的基础理论工作和评价指标体系的发展。蒋有绪表示，固碳功能的评估很好地证明了中国森林生态系统在碳减排方面的重要作用，希望中国森林生态系统在碳中和任务中担当重要角色。

在了解陆地生态系统特别是森林对实现碳中和的作用之前，需要明确两个概念，即森林碳汇与林业碳汇。我国森林生态系统碳汇能力之所以被低估，主要原因是碳汇方法学存在缺陷，即推算森林碳汇量采用的材积源生物量法是通过森林蓄积量增量进行计算的，而一些森林碳汇资源并未被统计其中（王兵，2021）。森林全口径主要体现在以下四个方面：①乔木林碳中和；②特灌林和竹林的碳中和；③疏林地、未成林造林地、非特灌林灌木林、苗圃地、荒山灌丛、城区和乡村绿化散生林木碳中和；④森林土壤碳中和。

> 森林碳汇（forest carbon sink）：是指森林植被通过光合作用固定二氧化碳，将大气中的二氧化碳捕获、封存、固定在木质生物量中，从而减少空气中二氧化碳浓度。
>
> 林业碳汇：通过造林、再造林或者提升森林经营技术增加的森林碳汇，可以进行交易。目前，推算森林碳汇量采用的材积源生物量法存在明显缺陷，导致我国森林碳汇能力被低估。

（一）乔木林碳中和

森林作为陆地生态系统主体，是最大的利用太阳能的载体，也是一个天然大碳库。森林具有多重价值，储碳是森林生态系统服务价值的重要内容，树木通过光合作用吸收了大气中的二氧化碳，并以多种形式固定下来。根据联合国粮食及农业组织发布的 2020 年《全球森林资源评估报告》，全世界现有森林总面积 40.6 亿公顷，覆盖了全球近 1/3 的土地，人均森林面积约 0.52 公顷。森林植被区的碳储量约占陆地碳库总量的 56%，全球森林碳储量达 6620 亿吨，主要储存在森林生物质、森林土壤以及凋落物和枯死木中。

基于第九次全国森林资源清查数据，核算出我国森林全口径碳中和量为乔木林植被层碳汇 2.81 亿吨，占我国森林全口径碳汇总量的 64.75%。如果按照全国乔木林碳汇 2.81 亿吨碳当量折合 10.30 亿吨二氧化碳量计算，相当于中和了 2018 年全国二氧化碳排放量（100 亿吨）的 10.30%。乔木林可以起到显著的固碳作用，对于生态文明建设整体布局具有重大的推进作用。乔木林强大的碳汇功能，成为实现"双碳"目标的重要路径，也是目前最为经济、安全、有效的固碳增汇手段之一。"双碳"战略目标下，森林是"碳库"强调的不仅是传统林业上森林的碳汇功能，更在于在应对全球气候变化中，森林的固碳减排效应可以为我国争取更多的话语权，为我国经济社会转型发展争取更多的发展时间和空间。

森林碳汇主要基于自然的过程，这相比工业碳捕捉减排，具有成本低、易施行、兼具其他生态效益等显著特点。森林吸收固定的碳大部分储存在林木生物质中，具有储存时间长、年均累积速率大等明显优势。而且，林木收获后的林木产品也可以长时间储存碳，这相对于农田、草地、荒漠和湿地生态系统具有不可比拟的优势。

（二）特灌林和竹林碳中和

森林蓄积量没有统计特灌林和竹林，只体现了乔木林的蓄积量，而仅通过乔木林的蓄积量增量来推算森林碳汇量，忽略了特灌林和竹林的碳汇功能。历次全国森林资源清查期间我国有林地及其分量（乔木林、经济林和竹林）面积的统计数据见表 4-1。我国有林地面积近 40 年增长了 10292.31 万公顷，增长幅度为 89.28%。有林地面积的增长主要来源于造林。历次全国森林资源清查期间的全国造林面积均保持在 2000 万公顷 /5 年之上。Chen 等（2019）的研究也证明了造林是我国增绿量居于世界前列的最主要原因。近 40 年来，我国竹林面积处于持续的增长趋势，增长量为 309.81 万公顷，增长幅度为 93.49%；灌木林地（特灌林 + 非特灌林灌木林）面积亦处于不断增长的过程中，近 40 年其面积增长了 5 倍。竹林是森林资源中固碳能力最强的植物，在固碳机制上，属于碳四（C_4）植物，而乔木林属于碳三（C_3）植物。虽然没有灌木林蓄积量的统计数据，但我国特灌林面积广袤，也具有显著的碳中和能力。

第九次全国森林资源清查结果显示，我国竹林面积 641.16 万公顷、特灌林面积 3192.04 万公顷。竹林是世界公认的生长最快的植物之一，具有爆发式可再生生长特性，蕴含着巨大

表 4-1 历次全国森林资源清查期间全国有林地面积

清查期	年份	有林地（万公顷）			
		合计	乔木林	经济林	竹林
第二次	1977—1981年	11527.74	10068.35	1128.04	331.35
第三次	1984—1988年	12465.28	10724.88	1374.38	366.02
第四次	1989—1993年	13370.35	11370	1609.88	390.47
第五次	1994—1998年	15894.09	13435.57	2022.21	436.31
第六次	1999—2003年	16901.93	14278.67	2139	484.26
第七次	2004—2008年	18138.09	15558.99	2041	538.10
第八次	2009—2013年	19117.5	16460.35	2056.52	600.63
第九次	2014—2018年	21820.05	17988.85	3190.04	641.16

的碳汇潜力，是林业应对气候变化不可或缺的重要战略资源（张红燕等，2020）。研究表明，毛竹年固碳量为 5.09 吨 / 公顷，是杉木林的 1.46 倍，是热带雨林的 1.33 倍，同时每年还有大量的竹林碳转移到竹材产品碳库中长期保存（武金翠等，2020）。

（三）疏林地、未成林造林地、非特灌林灌木林、苗圃地、荒山灌丛、城区和乡村绿化散生林木碳中和

疏林地、未成林造林地、非特灌林灌木林、苗圃地、荒山灌丛、城区和乡村绿化散生林木也没在森林蓄积量的统计范围之内，它们的碳汇能力也被忽略了。我国近 40 年来疏林地、未成林造林地和苗圃地面积的变化趋势如图 4-1 所示。

第九次全国森林资源清查结果显示，我国疏林地面积为 342.18 万公顷、未成林造林地面积为 699.14 万公顷、非特灌林灌木林面积为 1869.66 万公顷、苗圃地面积为 71.98 万公顷、城区和乡村绿化散生林木株数为 109.19 亿株（因散生林木具有较高的固碳速率，可以相当于 2000 万公顷森林资源的碳中和能力）。疏林地是指附着有乔木树种，郁闭度在 0.1～0.19 的林地。其郁闭度过低的特点，恰恰说明其活立木种间和种内竞争比较微弱，而其生长速度较快的事实，又体现了其较强的碳汇能力。未成林造林地是指人工造林后，苗木分布均匀，尚未郁闭但有成林希望或补植后有成林希望的林地，是提升森林覆盖率的重要潜力资源之一，其处于造林的初始阶段，也是林木生长的高峰期，碳汇能力较强。苗圃地是繁殖和培育苗木的基地，由于其种植密度较大，碳密度必然较高。有研究表明，苗圃地碳密度明显高于未成林造林地和四旁树，其固碳能力不容忽视。城区和乡村化散生林木几乎不存在生长限制因子，生长速度更接近于生产力的极限，也意味着其固碳能力十分强大。

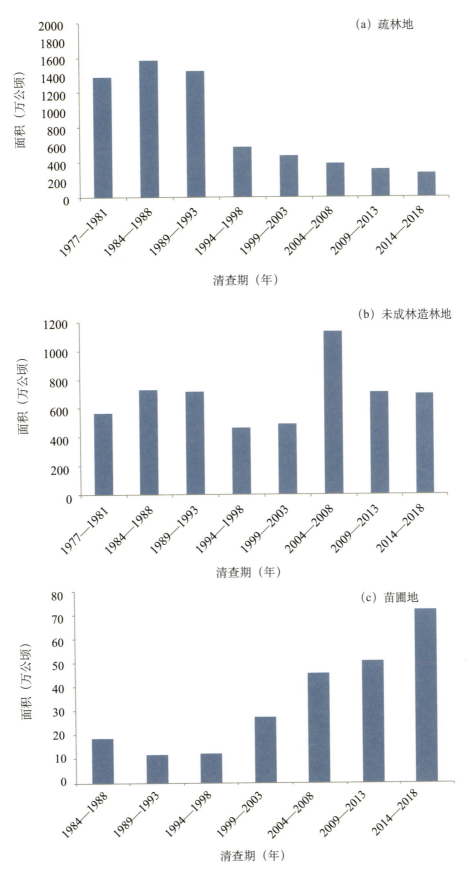

图 4-1 近 40 年我国疏林地、未成林造林地、苗圃地面积变化

(四) 森林土壤碳中和

森林土壤碳库是全球土壤碳库的重要组成部分，也是森林生态系统中最大的碳库。森林土壤碳含量占全球土壤碳含量的 73%，森林土壤碳含量是森林生物量的 2～3 倍（周国模等，2006），它们的碳汇能力同样被忽略了。基于第九次全国森林资源清查结果核算数据，我国森林全口径碳中和量中森林土壤碳汇为 0.51 亿吨，占森林全口径总碳汇量的 11.75%。土壤中的碳最初来源于植物通过光合作用固定的二氧化碳，在形成有机质后通过根系分泌物、死根系或者枯枝落叶的形式进入土壤层，并在土壤中动物、微生物和酶的作用下，转变为土壤有机质存储在土壤中，形成土壤碳汇（王谢，2015）。有研究表明，成熟森林土壤可发挥持续的碳汇功能，土壤表层 20 厘米有机碳浓度呈上升趋势（Zhou et al.，2006）。

基于以上分析和中国森林资源核算项目一期、二期、三期研究成果，提出了森林碳汇资源和森林全口径碳汇新理念。森林全口径碳汇能更全面地评估我国的森林碳汇资源，避免我国森林生态系统碳汇能力被低估，同时还能彰显出我国林业在碳中和中的重要地位。

二、森林全口径碳中和

目前，森林生态系统碳汇的测算研究主要有生物量换算、森林生态系统碳通量测算和遥感测算三种主要途径。其中，基于生物量换算途径的森林碳储量测算方法主要有样地实测法（Preece et al.，2015）、材积源生物量法（Fang et al.，1998；林卓，2016）；基于森林生态系统碳通量途径的测算方法是净生态系统碳交换法（陈文婧，2013）；基于遥感测算途径的测算方法是遥感判读法（Li et al.，2015）。其中，样地实测法由于直接、明确、技术简单，省去了不必要的系统误差和人为误差，可以实现森林碳汇的精确测算（Whittaker et al.，1975）。

> 样地实测法（measurement of sample plot）：是指在固定样地上用收获法连续调查森林的碳储量，通过不同时间间隔的碳储量的变化，测算森林生态系统的碳汇功能的一种碳汇测算方法。

森林碳汇资源为能够提供碳汇功能的森林资源，包括乔木林、竹林、特灌林、疏林地、未成林造林地、非特灌林灌木林、苗圃地、荒山灌丛、城区和乡村绿化散生林木等。森林植被全口径碳汇除了包括传统森林资源（乔木＋特灌林）外，还包括上述提及的森林碳汇资源，其计算公式如下：

$$G_{全}=G_{乔}+G_{竹}+G_{特}+G_{疏}+G_{未}+G_{苗}+G_{四,散}+G_{灌}+G_{土} \tag{4-1}$$

式中：$G_{全}$——森林植被全口径碳汇（吨/年）；

$G_{乔}$——乔木林碳汇（吨/年）；

$G_{竹}$——竹林碳汇（吨/年）；

$G_{特}$——特灌林碳汇（吨/年）；

$G_{疏}$——疏林地碳汇（吨/年）；

$G_{未}$——未成林造林地碳汇（吨/年）；

$G_{苗}$——苗圃地碳汇（吨/年）；

$G_{四,散}$——四旁树、散生木碳汇（吨/年）；

$G_{灌}$——其他灌木林碳汇（吨/年）；

$G_{土}$——森林土壤碳汇（吨/年）。

$G_{乔}$、$G_{竹}$、$G_{特}$、$G_{疏}$、$G_{未}$、$G_{苗}$、$G_{四,散}$、$G_{灌}$可由优势树种的净初级生产力（net primary production，NPP）计算得到，$G_{土}$可由单位面积林分土壤碳汇计算得到：

$$G_{植物} = 0.445 \times A \times NPP \tag{4-2}$$

$$G_{土} = A \times F_{土} \tag{4-3}$$

式中：$G_{植物}$——$G_{乔}$、$G_{竹}$、$G_{特}$、$G_{疏}$、$G_{未}$、$G_{苗}$、$G_{四,散}$、$G_{灌}$（吨/年）；

A——林分面积（公顷）；

0.445——生物量与碳之间的转换系数；

$G_{土}$——森林土壤碳汇（吨/年）；

$F_{土}$——单位面积林分土壤年固碳量[吨/（公顷·年）]。

第二节　森林全口径碳中和评估

森林固碳机制是通过自身的光合作用过程吸收二氧化碳，制造有机物，积累在树干、根部和枝叶等部位，并释放出氧气，从而抑制大气中二氧化碳浓度的上升，发挥绿色碳中和作用（Liu et al., 2012）。基于森林全口径碳汇评估方法，资溪县森林全口径碳汇主要包括三部分，即乔木林植被层、森林资源土壤层（乔木林和特灌林）和其他森林植被层（其他灌木林、疏林地、未成林造林地、苗圃地、散生木、四旁树等）。

评估结果显示，资溪县 2020 年森林全口径碳汇量为 39.29 万吨/年，将碳汇量折合成固定二氧化碳量需要乘以系数 3.67，资溪县森林生态系统固定二氧化碳量为 144.19 万吨/年。据公开数据显示，资溪县 2021 年使用直接加供应链方法（没有含包括土地利用变化和林业）核算的温室气体排放总量为 380753.58 吨二氧化碳当量（IBS，2023），森林生态系统固定二氧化碳量相当于中和了资溪县碳排放量的 3.79 倍，显著发挥了森林碳中和作用

(图 4-2），资溪县是一个巨大的绿色"碳库"。森林生态系统不仅为其节能减排赢得了时间，也证明森林全口径碳汇能真实反映林业在生态文明建设战略总体布局中的作用和地位。资溪县要增强以森林生态系统为主体的森林全口径碳汇功能，加强绿色减排能力，提升林业在碳达峰与碳中和过程中的贡献，探索具有区域特色的碳中和之路。

图 4-2　资溪县森林全口径碳中和作用

由于资溪县森林资源分布状况不同，森林的碳中和能力也存在较大空间异质性。各乡镇森林碳中和能力（吸收二氧化碳量）如图 4-3 所示，最高为马头山镇，为 42.48 万吨 / 年；其次为高阜镇和石峡乡，碳中和量在 20.00 万吨 / 年以上，以上 3 个乡镇碳中和量占全县碳中和总量的 60.07%；其余乡镇碳中和量均在 8.00 万 ~19.00 万吨 / 年之间（图 4-3）。森林由于其强大的碳汇能力，在地区节能减排、营造美丽生活中发挥着重要作用。各乡镇的森林碳中和能力大小与森林资源面积紧密相关，应结合乡镇生产状况，适当调整能源结构，对森林进行合理经营，从而有效地发挥森林固碳功能，促进区域实现碳达峰碳中和目标。

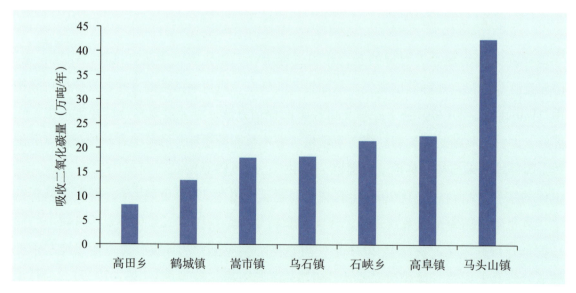

图 4-3　资溪县各乡镇全口径碳中和能力排序

党中央、国务院在统筹国际、国内两个大局，作出碳达峰目标与碳中和的重大战略决策，充分展示了我国愿与国际社会携手应对气候变化挑战的雄心和决心。同时，应对气候变化是推动我国经济高质量发展和生态文明建设的重要抓手，也是参与全球治理和坚持多边主义的重要领域。要实现碳达峰目标与碳中和愿景，除了大力推动经济结构、能源结构、产业结构转型升级的同时，还应进一步加强以完善陆地生态系统结构与功能为主线的生态系统修复和保护措施，改善生态环境质量、加大生态环境保护力度、深化环境治理体系，进而增大生态环境容量，增强以森林生态系统为主体的森林全口径碳汇功能，加强绿色减排能力，提升林业在碳达峰目标与碳中和过程中的参与度，打造具有中国特色的碳中和之路。

一、乔木林碳中和

资溪县乔木林植被层固碳量最多，占总固碳量的 65.32%。乔木林是森林生态系统发挥碳汇功能的主体，其固碳能力强弱是影响区域固碳能力的关键因素，其次为其他森林植被层，即竹林、灌木林、疏林地、未成林造林地、苗圃地、四旁树等，植物在生长过程中通过光合作用吸收二氧化碳并将其作为生物量固定在植物体中，从而降低大气中温室气体浓度，减缓气候变化。与此同时，土壤也是一个巨大的碳库，其固碳量的波动会对气候变化产生巨大影响。固定到土壤中的有机碳一部分会经过土壤微生物的分解转化以二氧化碳形式重新返回到大气；剩余的有机质则经过多年累积转化成稳定的有机碳储存到土壤。

目前，资溪县森林资源中幼龄林面积占森林总面积的 68.95%，中幼龄林处于高生长阶段，具有较高的固碳速率和较大的碳汇增长潜力。资溪县森林资源中人工林面积占比较低，在森林碳汇方面起到了一定的作用。由此可见，森林全口径碳汇将对我国实现碳达峰碳中和起到重要作用。森林绿色"碳库"受到多种因素影响。科学增加森林碳库和提升森林碳汇能力，除了尽可能地扩大森林面积外，重点需要精准提升森林质量，提高人为活动管理水平，同时，还要考虑气候变化等自然环境的影响，保护好现有森林资源背后的碳储存。

二、灌木林与竹林碳中和

特灌林全称"国家特别规定的灌木林地"，特指分布在年均降水量 400 毫米以下的干旱（含极干旱、干旱、半干旱）地区，或乔木分布（垂直分布）上限以上，或热带亚热带岩溶地区、干热（干旱）河谷等生态环境脆弱地带，专为防护用途，且覆盖度大于 30% 的灌木林地，以及以获取经济效益为目的进行经营的灌木经济林。森林蓄积量没有统计特灌林，只体现了乔木林的蓄积量，而仅仅通过乔木林的蓄积量增量来推算森林碳汇量，忽略了特灌林的碳汇功能。此外，资溪县竹林资源十分丰富，毛竹立竹量近 1 亿株，毛竹总蓄积量约 1 亿余根，平均立竹量 188 根 /667 平方米，有着"中国特色竹乡"之称（石银平等，2021），竹林产生的碳汇同样是资溪县森林资源碳汇的重要组成部分。

资溪县 2020 年森林资源年度变化监测评价数据与第三次全国国土调查对接融合后得到资源数据显示，资溪县特灌林面积为 119.77 公顷，竹林面积为 3.36 万公顷，二者占总面积的比例为 0.11% 和 31.27%，资溪县特灌林固碳量为 50.61 吨/年，竹林固碳量为 12.71 万吨/年。

灌木是森林和灌丛生态系统的重要组成部分，地上枝条再生能力强，地下根系庞大，具有耐寒、耐热、耐贫瘠、易繁殖、生长快的生物学特性（曹嘉瑜等，2020）。尤其是在干旱、半干旱地区，生长灌木林的区域是重要的生态系统碳库，对减少大气中二氧化碳含量具有重要作用。虽然资溪县特灌林蓄积量没有统计数据，但其面积广袤，也具有显著的碳中和能力。

竹林是世界公认的生长最快的植物之一，具有爆发式可再生生长特性，蕴含着巨大的碳汇潜力，是林业应对气候变化不可或缺的重要战略资源。在固碳机制上，竹林属于碳四（C_4）植物，尤其是新竹具有较强的光合固碳能力，快速生长时期的有机物质快速积累是其特有的生理特征，具有较高的碳中和能力。资溪县凭借着天然的竹林资源优势，大力发展竹产业，充分利用好竹林碳汇功能对我国实现碳中和，以及全球减排工作具有重要意义。

三、疏林地、未成林造林地、未成林封育地及苗圃地碳中和

疏林地、未成林造林地、其他灌木林及苗圃地同样没在森林蓄积量的统计范围之内，它们的碳汇能力也被忽略了。资溪县 2020 年森林资源年度变化监测评价数据显示，资溪县疏林地、未成林造林地、未成林封育地、苗圃地面积为 2582.13 公顷，面积占比为 2.45%。资溪县疏林地、未成林造林地、未成林封育地、苗圃地固碳量分别为 26.13 吨/年、2492.25 吨/年、25.80 吨/年和 27.95 吨/年。

由于疏林地具备郁闭度低、种间种内竞争弱且生长快、未成林生长速度快、苗圃种植密度大等特点，其固碳能力不容忽视。

四、森林土壤碳中和

土壤也是一个巨大的碳库，其固碳量的波动会对气候变化产生巨大影响。固定到土壤中的有机碳一部分会经过土壤微生物的分解转化以二氧化碳形式重新返回到大气；剩余的有机质则经过多年累积转化成稳定的有机碳储存到土壤。基于资溪县森林资源年度变化监测评价数据核算，资溪县土壤碳汇量为 8565.42 吨，占其森林全口径碳汇量的 2.18%。土壤碳循环的过程由诸多自然因素和人为因素共同影响，且人为因素对土壤碳循环和碳储量的影响程度远超自然因素。在自然因素方面，土壤碳库的变化受到多种物理和生物因素的影响，如气候，土壤结构及化学、物理和生物属性，植被类型，微生物生理生化过程等，且各因素之间

存在相互作用。在人为因素方面，不同土地覆被和利用方式，导致土壤碳汇能力差异很大。

一般土壤碳汇能力从大到小表现为森林＞草地＞湿地＞农田＞未利用地和建设用地。当人类活动引起土地利用／土地覆被变化（LUCC）时，一方面直接改变了生态系统类型，从而影响生态系统的净初级生产力以及土壤有机碳输入；另一方面间接改变了土壤的生物和理化属性，进而影响土壤呼吸作用以及土壤碳输出强度（周璞，2021）。

第五章
资溪县生态产品价值化实现

"生态产品"可以被看作是生态系统服务的中国升级版,其于 2010 年在《全国主体功能区规划》中首次提出,被定义为"维系生态安全、保障生态调节功能、提供良好人居环境的自然要素",一方面基于国际上生态系统服务研究成果,以生态系统调节服务为主;另一方面从人类需求角度出发,将清新空气、清洁水源等人居环境纳入其中,对比生态系统服务来说是一个巨大的提高。"产品"是作为商品提供给市场、供人们使用和消耗的物品,产品的生产目的就是通过交换转变成商品,而商品则是用来交换的劳动产品,产品进入交换阶段就成为商品。2021 年 4 月 26 日,中共中央办公厅、国务院办公厅印发《关于建立健全生态产品价值实现机制的意见》指出:建立健全生态产品价值实现机制,是贯彻落实习近平生态文明思想的重要举措,是践行"绿水青山"就是"金山银山"理念的关键路径。生态产品价值实现是要把生态系统服务提供的、没有体现在 GDP 统计体系中的额外附加价值显现出来,把自然资产和生态产品纳入经济制度决策中,完善国民财富核算体系,让优美的生态环境成为经济发展新的"增长极"。因此,我国提出生态产品概念的战略意图就是要把生态环境转化为可以交换消费的生态产品,充分利用我国改革开放后在经济建设方面取得的经验、人才、政策等基础,用搞活经济的方式充分调动起社会各方开展环境治理和生态保护的积极性,让价值规律在生态产品的生产、流通与消费过程发挥作用,以发展经济的方式解决生态环境的外部不经济性问题。

森林生态系统是维护地球生态平衡最主要的一个生态系统,在物质循环、能量流动和信息传递方面起到了至关重要的作用。特别是森林生态系统服务发挥的绿色"水库"、绿色"碳库"、净化环境"氧库"和生物多样性"基因库"四个生态库功能,为经济社会的健康发展,尤其是人类福祉的普惠提升提供了生态产品保障。目前,国内对于森林生态产品价值的研究主要涉及实现路径、机制构建、价值转化、定量评估等方面,虽然通过探索取得了一定研究成果，但针对森林生态产品价值实现的专项研究规模仍然不足，其丰富性、系统性和实用性有待进一步提高。目前，如何核算森林生态功能与其服务的转化率以及价值化实现，并为其生态产品设计出科学可行的实现路径，正是当今研究的重点和热点。本章将基于大量的森林生态系统服务评估实践，开展价值化实现路径设计研究，以期为"绿水青山"向"金山银山"转化提供可复制、可推广的范式。

> 生态产品价值实现（ecosystem product value realization）：是指将生态产品所蕴含的内在价值转化为经济效益、社会效益和生态效益的过程，是经济社会发展格局、城镇空间布局、产业结构调整和资源环境承载能力相适应的过程，有利于实现生产空间、生活空间和生态空间的合理布局。

第一节 生态产品价值化实现理论

党的十九大报告明确提出："既要创造更多物质财富和精神财富以满足人民日益增长的美好生活需要，也要提供更多优质生态产品以满足人民日益增长的优美生态环境需要。"因此，建立健全生态产品价值实现机制，既是贯彻落实习近平生态文明思想、践行"两山"理念的重要举措，也是坚持生态优先、推动绿色发展、建设生态文明的必然要求。习近平总书记在深入推动长江经济带发展座谈会上强调，要积极探索推广绿水青山转化为金山银山的路径，选择具备条件的地区开展生态产品价值实现机制试点，探索政府主导、企业和社会各界参与、市场化运作、可持续的生态产品价值实现路径。探索生态产品价值实现，是建设生态文明的应有之义，也是新时代必须实现的重大改革成果。

一、生态产品概念的提出与发展历程

"生态产品"一词首先诞生于中国，是具有鲜明中国特色的新概念。起初，均是以学者个人角度开展生态产品研究，"生态产品"最早出现在1985年发表的《从黄土高原的历史变迁讨论种草种树和生态产品的转化问题》中。此后，对于"生态产品"成果日益增多，研究角度也多种多样。随着研究的不断深入，学者们从人与生态系统的关系角度入手研究生态产品（唐潜宁，2017）。我国官方关于生态产品概念的提出及其发展历程如图5-1所示。

2010年发布的《全国主体功能区规划》中首次提出"生态产品"的概念，即维系生态安全、保障生态调节功能、提供良好人居环境的自然要素，包括清新的空气、清洁的水源和宜人的气候等。陈岳等（2021）根据经济学原理的相关释义，将生态产品分为具有一般私人物品特征、具有公共资源特征、具有俱乐部物品特征和具有纯公共物品特征4个类别。

廖茂林等（2021）基于产品的供给视角、消费视角、功能视角以及人与自然互动等4个方面对生态产品的分类进行了阐述。李忠（2021）在《全国主体功能区规划》中给出定义的基础上，将生态产品进行了更为深入的划分，阐述生态产品与生态标识产品、绿色产品的内在联系，认为生态产品产业链的下游产品为绿色产品和生态标识产品。自然资源部有关部门认为能够增进人类福祉的产品和服务来源于自然资源生态产品和人类的共同作用，这就是生态产品概念的内涵和外延（张兴等，2020）。张林波等（2021）将生态系统自然生长过程的生物生产与人类社会共同作用下，提供给人类使用和消费的产品或者服务称之为生态产品，其可以细化为共性生态产品、准公共生态产品和经营性生态产品三类。马晓妍等（2020）认为生态产品是指生态系统生产或由人类劳动共同参与生产，当前或者将来比较稀缺的，且能够进入人类经济活动的，具有使用价值或交换价值的产品、功能和效益等；沈辉和李宁（2021）认为生态产品是需要通过投入人类劳动及物质资源生产的最终产品或服务，具有整体性、公共性、外部性、时空可变性特征；王金南等（2021）同样将生态产品定义为生态系统通过生态过程或与人类社会生产共同作用为增进人类及自然可持续福祉提供的产品和服务。至此，生态产品的概念逐渐清晰，虽尚未形成统一或公认的概念，但对生态产品的基本内涵和属性的理解大致趋同，包括干净空气、清洁水源、宜人气候等在内的生态调节服务是狭义概念上的生态产品，而广义概念上的生态产品一方面包含由生态系统服务提供且难以通过市场交易

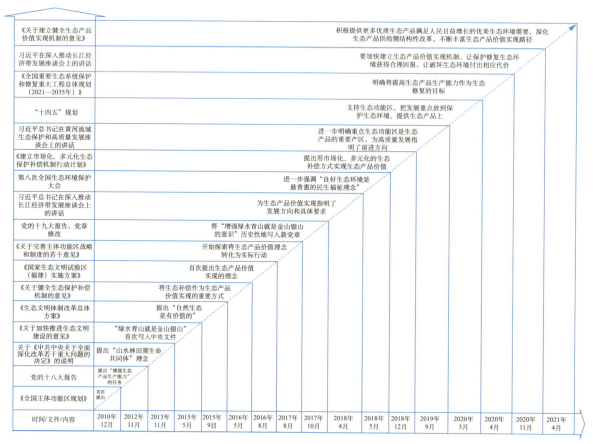

图5-1　生态产品价值实现理念发展历程

实现其价值的产品;另一方面还应包括人类凝聚劳动并参与生产的产品,包括生态有机农畜产品、生态调节产品和生态文化产品三类,广义的生态产品概念更加能够突显生态产品多重价值属性(经济价值、生态价值、文化价值等)(苟延佳,2021)。

综上所述,本研究界定生态产品是指人类从生态系统中获得的各种惠益,是所有生态系统服务的集合;森林生态产品的概念也可据此得出。需要强调的是,生态产品是生态系统基于"可持续发展"的产出方式提供的产品。因此,不可再生的化石能源和矿产资源、大量使用化肥和农药的产品不属于生态产品。

二、生态产品价值化实现理论基础

生态产品价值实现的主要步骤可以概括为"算出来、转出去、管起来",核心是要解决三个基本问题,即生态产品的价值到底有多大?怎样转化?如何保障?这就分别涉及生态产品价值核算、转化路径和政策创新。其中,价值核算是基础,转化路径是关键,政策创新是保障,相应的关键机制就包括生态产品价值实现的核算机制、转化机制和保障机制(陈光炬,2020)。国外没有"生态产品"的专业术语,与之类似的便为生态系统服务。生态系统服务维持地球上生命物质的生物地球化学循环与水文循环,维持生物物种的多样性,净化大气环境,是人类赖以生存和发展的基础。

森林、湿地、草地作为陆地生态系统的主体和最复杂的组成部分,对于维持全球生态系统平衡起到了至关重要的作用。同时,通过其自身的生态过程,向人类社会提供各种生态产品,包括涵养水源、固碳释氧、防风固沙、净化大气环境等。1970年,严重环境问题研究(Study of Critical Environmental Problem,SCEP)首次将自然生态系统所提供的调控洪水、水土保持、土壤形成、昆虫控制及授粉、渔业、气候调节和物质循环等归纳为"服务",标志着人类将生态系统服务真正作为科学问题来开展研究。Ehrlich(1981)提出了生物多样性降低对生态系统服务可能产生影响和科学技术能否替代自然生态系统服务的思考,随后Ehrlich(1983)正式提出"生态系统服务"的概念。生态学家Daily(1997)和Costanza(1997)把生态系统服务定义为直接或间接增加人类福祉的生态特征、生态功能或生态过程,也就是生态系统形成和所维持的人类赖以生存和发展的环境条件和效用,这是最典型的生态系统服务定义。联合国千年生态评估的首个研究成果《生态系统与人类福利:评估框架》将生态服务定义为人类从生态系统中获取的效益(MA,2005),将生态服务视为自然产出物,不受人类活动影响(Wallace,2007)。国内的相关学者也进行了生态系统服务的分类和核算(表8-1)。2020年国家标准《森林生态系统服务功能评估规范》(GB/T 38582—2020)发布,标志着我国森林生态服务评估迈出了新的步伐,对提高人们的环境意识,加强林业建设在国民经济中的主导地位,健全生态效益补偿机制,推进森林资源保育,促进区域可持续发展,准确践行习近平生态文明思想具有十分重要的意义。

表 5-1 生态系统服务分类

学者	类型
Freeman（1993）	资源—环境服务价值、政府干预、私人对政府规章响应度、为获得资源—环境服务而输入的其他资源等四大类
Daily等（1997）	缓解干旱和洪水、废物的分解和解毒、产生和更新土壤和土壤肥力、植物授粉、农业害虫的控制、稳定局部气候、支持不同的人类文化传统、提供美学和文化、娱乐等13种类型
Costanza等（1997）	水资源供给、水分调节、气候调节、气体调节、干扰调节、养分循环、控制侵蚀和沉积物保持、土壤形成、养分循环、废物处理、授粉、生物控制、食物生产、原材料、基因资源、提供避难所、娱乐、文化等18个类型
欧阳志云等（1999）	产品和环境两大类及8个子类
赵同谦等（2004）	森林生态系统服务功能主要包括提供产品、调节功能、文化功能和支持功能这四大类，共计13项功能
MA（2005）	供给、调节、文化和支持四大类服务，共计25个子类
UK National Ecosystem Assessment（2011）	供给、调节、文化和支持四大类服务，8大生态系统
国家林业和草原局（2020）	供给、调节、文化和支持四大类服务，涵养水源、保育土壤、林木养分固持、固碳释氧、净化大气环境、森林防护、生物多样性保护、林木产品供给和森林康养等9项功能24项指标

近年来，国内外学者对各类生态系统服务进行了评估和价值核算，为生态产品价值实现奠定了基础。生态系统观测研究网络的快速发展，为生态产品精准化核算提供了良好的平台，尤其以中国森林生态系统定位观测研究网络（CFERN）的作用最为明显，王兵（2015）创新地构建了森林生态系统服务全指标体系连续观测与清查技术体系（简称"森林生态连清体系"），该体系最大的特点就是有一套以国家标准为主体的森林生态连清标准体系，包括GB/T 40053、GB/T 35377、GB/T 33057和GB/T 38582，保证了生态产品核算所需数据的科学性、可比性以及生态产品核算结果的可靠性。

依据森林生态连清体系，开展了不同尺度的生态产品核算工作。①国家尺度：国家林业和草原局从第七次森林资源清查开始已经连续15年开展了"中国森林生态系统服务功能评估与绿色核算项目"的研究以及成果发布，第七次、第八次和第九次森林资源清查期的森林生态系统服务总价值分别为10.01万亿元/年、12.68万亿元/年和15.88万亿元/年；②省域及以下尺度：在全国选择60个省级及代表性地市、林区等开展森林生态系统服务评估实践，评估结果以"中国山水林田湖草生态产品监测评估及绿色核算"系列丛书的形式向社会公布；③生态工程尺度：开展了退耕还林（草）工程（6期）和天然林资源保护工程（2期）生态效益监测评估工作，并向社会发布了评估结果，形成了国家报告。此外，国家林业和草原局森林资源管理司依托国家林草生态综合监测，对生态空间（森林、湿地和草地）产品价值进行了核算，总价值超过28万亿元/年。以上研究，均为生态产品价值实现提供了充足理论基础。

三、生态产品价值体现方式

我国生态空间面积广阔，在水源涵养、土壤保持、防风固沙、洪水调蓄、固碳释氧、空气净化、气候调节、物种保育等方面发挥了重要作用，有力地维护了地区生态安全和物种多样性。特别是森林、湿地、草地的"负碳"作用，在"双碳"目标下得到了充分释放，在碳排放权交易市场中潜力巨大，作为综合效益最好的碳中和方案，林业碳汇已成为全社会关注的焦点。以上几方面价值基于森林、湿地、草地的自然特性和生态功能形成，属于生态系统服务研究范畴，现今其内涵逐渐得到延展和深化，成为生态产品价值的主要构成部分，承载并释放了巨大的生态价值量。由于这些产品的产权难以明晰，属于公共性生态产品，其价值主要依靠财政转移支付、政府补贴等生态补偿方式来实现。

生态产品的经济价值在市场中得到体现，由生态系统产出的各类物质资源（木质、非木质林产品）及服务，经过开发、利用和交易在市场中流通变现，"绿水青山"随即转化为"金山银山"。以这些产品为基础的产业多为林区的经济支柱，如木（竹）材加工、木本粮油、坚（浆）果、食用菌、山野菜、森林药材、森林养殖、水产品、草畜产品及旅游康养等。尤其在森林"粮库"和"大食物观"发展理念之下，近年来森林食品产业发展迅猛，为林区经济社会发展提供了必要的物质供给，与之相关的加工、包装、仓储、物流、信息等产业也随之兴起，共同推动了区域经济发展和乡村振兴进程。这些产品的产权大多比较明确，其价值主要通过生态产业化、产业生态化和直接市场交易来实现。

生态空间生态产品还承载了丰富的社会服务价值，如依托国家公园、自然保护区、风景名胜区的森林、湿地、草地景观和动植物资源，构成了开展生态旅游、森林康养、自然教育的资源基础，发挥景观利用功能，体现生态文化精髓，满足公众对于教育、文化、娱乐等方面的多元需求，唤起人与自然和谐共生的生态意识，推动当地林区生态扶贫和乡村振兴进程，为区域经济发展、民生福祉增进、生态文明构建作出了积极贡献。

张林波等（2020）在大量国内外生态文明建设实践调研的基础上，总结分析近百个生态产品价值实现实践案例，从生态产品使用价值的交换主体、交换载体、交换机制等角度，归纳形成8大类和22小类生态产品价值实现的实践模式或路径，包括生态保护补偿、生态权益交易、资源产权流转、资源配额交易、生态载体溢价、生态产业开发、区域协同开发和生态资本收益等。国际上较为成功的案例：①法国国家公园进行了国家公园管理体制改革，使国家公园公共性生态产品价值附着在国家公园品牌产品上实现载体溢价，利用良好生态环境吸引企业投资、刺激产业发展是间接载体溢价模式；②瑞典森林经理计划在保证采伐量低于生长量的前提下开展经营；③德国"村庄更新"计划依托生物资源发展农村产业链；④法国毕雷矿泉水公司为保持水质向上游水源涵养区农牧民支付生态保护费用；⑤哥斯达黎加EG水公司为保证发电所需水量、减少泥沙淤积购买上游生态系统服务。

王兵等（2020）结合中国森林生态系统服务评估实践，设计了森林生态系统生态产品价值化实现路径，将森林生态系统的四大服务（支持服务、调节服务、供给服务、文化服务）的9大功能类别与10大类实现路径建立了功能与服务转化率高低和价值化实现路径可行性的大小关系（图5-2）。森林生态产品价值化实现路径可分为就地实现和迁地实现。就地实现是在生态系统服务产生区域内完成价值化实现，例如，固碳释氧、净化大气环境等生态功能价值化实现；迁地实现是在生态系统服务产生区域之外完成价值化实现；例如，大江大河上游森林生态系统涵养水源功能的价值化实现需要在中、下游予以体现。

为实现多样化的生态产品价值，需要建立多样化的生态产品价值实现途径。加快促进生态产品价值实现，需遵循"界定产权、科学计价、更好地实现与增加生态价值"的思路，有针对性地采取措施，更多运用经济手段最大程度地实现生态产品价值，促进环境保护与生态改善。本节基于资溪县生态产品禀赋，结合生态产品价值化实现典型案例，设计资溪县生态产品价值化实现路径，进而为管理者制定生态补偿措施，解决生态产品供给不足和市场需求无法满足的困境提供决策依据。

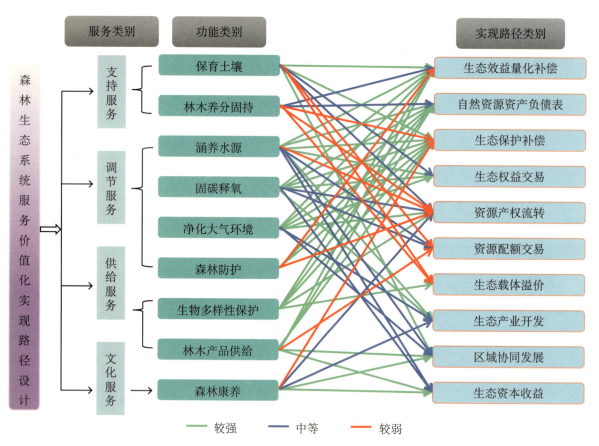

图 5-2　森林生态产品价值实现路径设计

注：不同颜色代表了功能与服务转化率的高低和价值化实现路径可行性的大小。

第二节　基于不同交易路径的林业碳汇开发潜力监测计量与评估

一、国家核证自愿减排量（CCER）交易路径

近年来，越来越多的人开始关注 CCER 和林业碳汇市场的发展。CCER 交易是形成全国统一碳市场的纽带，是调控全国碳市场的市场工具（张昕，2015）。碳市场按照 1∶1 的比例给予 CCER 替代碳排放配额，即 1 个 CCER 等同于 1 个配额，可以抵消 1 吨二氧化碳当量的排放，这就使得 CCER 可自由流通在各个碳市场，从而连接区域碳市场并且通过 CCER 及碳金融产品的调控，可以有力地调控全国的碳交易市场。CCER 林业碳汇交易的进行不仅能够使发达地区以低成本履行温室气体减排目标，同时可以使欠发达地区从发达地区获得资金和技术支持，实现可持续发展，在全国范围内以低成本的方式减少大气中的温室气体，实现"双碳"目标（向开理，2017）。我国经济发展状况难以承受大规模的工业减排行动，但我国林地资源丰富，发展林业碳汇项目的潜力巨大，可以通过发展林业碳汇减轻经济建设造成的碳排放负担，同时造福生态建设（韩雪等，2012）。

CCER 是自 2012 年我国清洁发展机制（CDM）项目后开始了探索之路。2021 年 7 月 16 日，全国碳排放权交易市场正式上线交易，全国碳市场第一个履约周期年覆盖二氧化碳排放量 45 亿吨。按照 CCER 5% 抵消比例和排放量计算，全国市场的控排企业每年的 CCER 需求为 2 亿吨以上。研究表明，目前我国 CCER 的存量仅 5000 万吨，因此未来 CCER 的市场空间巨大。

2023 年 10 月，生态环境部正式发布了《温室气体自愿减排交易管理办法（试行）》，提出申请登记的温室气体自愿减排项目应当具备真实性、唯一性和额外性，属于生态环境部发布的项目方法学支持领域，项目于 2012 年 11 月 8 日之后开工建设，且减排量产生于 2020 年 9 月 22 日之后等诸多条件。为更优化林业碳汇开发工作流程和规范行业要求，生态环境部于 2023 年 10 月发布了最新《温室气体自愿减排项目方法学 造林碳汇（CCER-14-001-V01）》（简称方法学），明确了开发造林碳汇的项目类型及开发流程（图 5-3），规定造林碳汇项目可通过增加森林面积和森林生态系统碳储量实现二氧化碳清除，是减缓气候变化的重要途径，属于林业和其他碳汇类型领域方法学。符合条件的造林碳汇项目可按照方法学要求，设计和审定温室气体自愿减排项目，以及核算和核查温室气体自愿减排项目的减排量。

方法学适用于乔木、竹子和灌木造林，包括防护林、特种用途林、用材林等造林，不包括经济林造林、非林地上的通道绿化、城镇村及工矿用地绿化，使用该方法学的造林碳汇项目必须满足以下条件：

（1）项目土地在项目开始前至少 3 年为不符合森林定义的规划造林地。

（2）项目土地权属清晰，具有不动产权属证书、土地承包或流转合同；或具有经有批准权的人民政府或主管部门批准核发的土地证、林权证。

（3）项目单个地块土地连续面积不小于 400 平方米。对于 2019 年（含）之前开始的项目土地连续面积不小于 667 平方米。

（4）项目土地不属于湿地。

（5）项目不移除原有散生乔木和竹子，原有灌木和胸径小于 2 厘米的竹子的移除比例总计不超过项目边界内地表面积的 20%。

（6）除项目开始时的整地和造林外，在计入期内不对土壤进行重复扰动。

（7）除对病（虫）原疫木进行必要的火烧外，项目不允许其他人为火烧活动。

（8）项目不会引起项目边界内农业活动（如种植、放牧等）的转移，即不会发生泄漏。

（9）项目应符合法律法规要求，符合行业发展政策。

根据《林业碳汇项目审定和核证指南》（GB/T 41198—2021），开发 CCER 项目的设计文件（PDD）需要明确项目的基线情景并论证额外性，对减排量进行估算，确定合适的碳库与碳层与监测计划，并分析项目的环境和经济影响。

> 基线情景（baseline scenario）：是指在没有林业碳汇项目时，能合理地代表项目区未来最可能发生的土地利用和管理的假定情景。
>
> 《林业碳汇项目审定和核证指南》（GB/T 41198—2021）

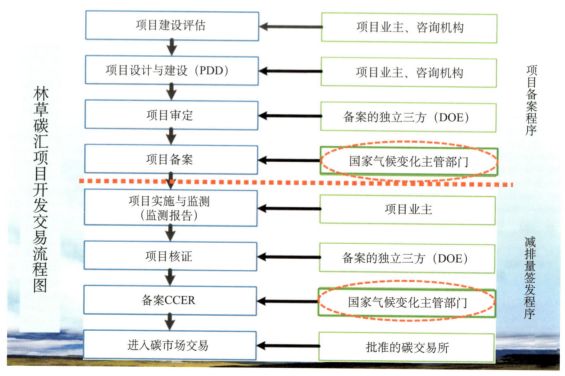

图 5-3 CCER 林业碳汇项目开发交易流程（谢和生等，2021）

为维护《京都议定书》的环境完整性，防止项目活动的基线情景被有意降低进而夸大项目活动产生的碳汇清除量，《联合国气候变化框架公约》第19/CP.9号决议规定，拟议的CDM下的造林再造林项目（CDM-AR）必须证明其产生的碳汇清除量相对于项目未实施时是额外产生的。在申请CDM-AR项目的项目设计文件（PDD）中，必须提供能证明此项目存在额外性的证据才能被批准注册。

额外性主要包括环境额外性、资金额外性、投资额外性和政策额外性4个方面。环境额外性是指当基线情景下的碳储量变化远小于CDM-AR项目活动引起的碳储量变化时，项目活动产生环境效益，并对该区域生物多样性和生态系统产生良性影响。资金额外性是指按照联合国气候变化框架公约(UNFCC)要求，部分国家提供的CDM项目公共开发资金不可被转用，必须与其财政义务进行区分。投资额外性是指CDM-AR项目活动能够克服项目参与方无法承受较大的前期投资而导致项目无法正常实施的情形。政策额外性是指所实施的项目活动并非该国政府目前或未来通过国家项目、财政拨款、制定法规限定等政策要求实施的情形。

> **额外性**：认定某种项目活动所产生的减排量相对于基准线是额外的，这就要求这种项目活动在没有外来的支持下，存在如财务、技术、融资、风险和人才方面的竞争劣势或障碍因素，靠自身条件难以实现，因而这一项目的减排量在没有CCER时难以产生。反之，如果某项目活动在没有CCER情况下能够正常商业运行，那么它自己就成为基准线的组成部分，相对这一基准线无减排量而言，也就无减排量的额外性。
>
> 《温室气体自愿减排交易管理暂行办法》

方法学明确了免予额外性论述的条件，意味着可以减少项目开发的难度和成本。方法学中规定：以保护和改善人类生存环境、维持生态平衡等为主要目的的公益性造林项目，在计入期内除减排量收益外难以获得其他经济收入，造林和后期管护等活动成本高，不具备财务吸引力。符合下列条件之一的造林项目，其额外性免予论证：

（1）在年均降水量≤400毫米的地区开展的造林项目。年均降水量≤400毫米的地区，可参考2003年国家林业局颁发的《"国家特别规定的灌木林地"的规定（试行）》的通知。

（2）在国家重点生态功能区开展的造林项目。国家重点生态功能区可参考国务院印发的《关于印发全国主体功能区规划的通知》《关于同意新增部分县（市、区、旗）纳入国家重点生态功能区的批复》。

（3）属于生态公益林的造林项目。森林碳库主要包括地上生物质、地下生物质、枯死木、枯落物、土壤有机碳等，在林业碳汇开发中主要考虑地上生物质、地下生物质。林业碳汇量是通过监测项目情形和基线情形下碳库的变化来确定的，其调查原理是基于蓄积量采集转化成生物量再转化成碳的计算。监测方法主要是根据碳层划分情况选择具有代表性样地进行监测，采用激光雷达、无人机开展监测。在获取的空间数据和地面数据能完整、可靠地建立模型前提下，这种监测方式能够提高监测效率、降低人工成本。随着森林遥感监测系统的建立及推出，从北斗数据的应用、遥感监测、碳卫星到激光雷达数据的应用，再结合数据校正等技术方法，可实现森林面积、蓄积量、生物量、碳储量等指标的综合监测。

> 碳层：是指为提高碳储量变化计算的精度，并且在一定精度要求下精简监测样地数量，将项目边界内的植被进行分层。碳层划分需要综合考虑立地条件土地利用类型、造林时间、造林树种、造林密度等因素，将无显著差别的地块划分为同一碳层。

基于资溪县自 2013 年以来的造林数据，依据《森林生态系统长期定位观测方法》（GB/T 33027—2016）获取的监测数据，利用方法学的方法测算资溪基于 CCER 的林业碳汇开发潜力。

采用储量变化法（stock difference method）计算项目边界内的森林生物质碳储量在一段时期内的年均变化量，表 5-2 和表 5-3 给出了主要树种的计算参数：

$$\Delta C_{\text{Biomass},\,t} = \frac{C_{\text{Biomass},\,t_2} - C_{\text{Biomass},\,t_1}}{t_2 - t_1} \times \frac{44}{12} \tag{5-1}$$

式中：$\Delta C_{\text{Biomass},\,t}$——项目开始第 t 年的森林生物质碳储量的年变化量（吨二氧化碳当量/年）；

$C_{\text{Biomass},\,t_2}$——第 t_2 年时森林生物质碳储量（吨碳）；

$C_{\text{Biomass},\,t_1}$——第 t_1 年时森林生物质碳储量（吨碳）。

选择利用生物量转换与扩展因子法，将乔木蓄积量转换为乔木林的全林生物量。

$$B_{\text{Total},\,AF,\,T} = V_{AF,\,T} \times BCEF \times (1 + RSR_{AF}) \tag{5-2}$$

式中：$B_{\text{Total},\,AF,\,T}$——第 t 年时乔木林单位面积全林生物量（吨/公顷）；

$V_{AF,\,T}$——第 t 年时乔木林的单位面积蓄积量（立方米/公顷）；

$BCEF$——基于林分的乔木林地上生物量转换与扩展因子（吨/立方米）；

RSR_{AF}——基于林分的乔木林地下生物量与地上生物量的比值。

表 5-2　主要乔木林树种（组）单位面积蓄积量随林龄的 Richards 生长方程

树种（组）	a	b	c	R^2
落叶松	183.207	1.355	0.037	0.758
针阔混交林	286.927	1.502	0.021	0.735

注：方程表达式为 $V = a \times (1-e^{-cAge_t})^b$。其中，$V$ 为单位面积蓄积量（立方米/公顷）；Age_t 为林龄，无量纲；a、b、c 为模型参数；R^2 为决定系数。

表 5-3　主要乔木林树种的生物量计算参数

树种组	BECF（公顷蓄积量≤100立方米/公顷）	BECF（公顷蓄积量≥100立方米/公顷）	地上生物量与地下生物量比值	基本木材密度（吨/立方米）	含碳率
杉木	1.9085	1.2875	0.2332	0.3098	0.4990
针阔混交林	1.6713	1.3725	0.2598	0.4397	0.4861

根据资溪县 2013 年以来的造林数据，符合 CCER 方法学开发的森林面积共计 7033 公顷，主要树种以杉木为主。按照项目实施期限 20 年，利用方法学中提出的储量变化法计算可开发量。选择利用生物量转换与扩展因子法，将乔木蓄积量（或单株材积）转换为乔木林（或单木）的全林（或地上）生物量，再结合木材密度与含碳率进行测算。结果表明，资溪县全县 CCER 可开发碳汇量为 18.30 万吨碳当量（项目计入期 20 年），折合成二氧化碳为 67.16 万吨。按照 2024 年 1 月 22 日，全国温室气体自愿减排交易市场首日总成交量与总成交额计算单价为 63.51 元/吨（二氧化碳当量），全县 CCER 可开发价值达 4265.33 万元（项目计入期 20 年）。

林业碳汇交易能够促进林业发展，是实现生态产品价值的重要途径，是践行绿水青山就是金山银山理念的具体实践。通过林业碳汇项目的开发，以市场机制给予生态产品生产者一定的经济补偿，促进林农和林企增收，助力林区经济振兴，这样一来也更有利于激发社会资源对林草业的关注、投入和保护，从而能够促进林草经济、社会和生态效益的有效发挥。

二、国际核证碳标准（VCS）交易路径

VCS 计划由非营利组织 Verra 建立。Verra 是气候组织(CG)、国际排放交易协会(IETA)及世界经济论坛（WEF）联合于 2005 年共同领导开发的，其目的是通过制定和管理有助于私营部门、国家和民间团体实现可持续发展和气候行动目标的标准，来帮助解决世界上最棘手的环境问题和社会挑战。VCS 计划是目前全球使用最广泛的自愿性资源温室气体减排计划，允许经过其认证的项目将其温室气体减排量和清除量转化为可交易的碳信用额（verified carbon unit，VCU）。一个 VCU 代表从大气中减少或清除 1 吨温室气体。VCU 由最终用户购买，作为抵消其排放、履行社会责任、提升企业形象的一种手段。VCU 只能发放给企业或组织，

个人无法注册账户，无法获得VCU。企业或组织可以将账户中的VCU用于交易，但交易只能在Verra注册的账户之间进行，无法转移到其他数据库或作为纸质证书交易。

根据Verra注册处项目库数据，截至2022年7月底，全球VCS林业碳汇项目共计注册188个，获得签发的项目达到182个，VCS林业碳汇项目核证碳单位（VCUs）签发量为4.2662亿吨。林业碳汇项目注册数量仅占VCS项目数量的10.4%，但VCUs签发量占VCS项目签发总量的接近45%。虽然林业碳汇项目注册数量占比较低，但VCS项目中VCUs签发量近一半来自林业碳汇项目。VCS包括16个专业领域，林业碳汇项目属于VCS专业领域14。为确保项目开发严谨可靠，签发高质量的VCUs。VCS设计了一套严密完整的制度框架，具体包括项目与计划、规则和要求、方法学、审定与核证、管理与发展、投诉与上诉等内容。

VCS林业碳汇项目开发是以VCS标准为核心，以第三方独立审计、方法学和注册登记系统为主体的组织模式。VCS项目方法学的选择尤为重要。方法学是指通过制定详细的程序来计量项目的实际温室气体排放量，并且帮助项目开发人员确定项目边界、设定基线、评估额外性，以及为最终量化减少或消除温室气体排放提供指导。VCS林业碳汇项目方法学包括联合国清洁发展机制（CDM）开发的适用于造林再造林（ARR）项目的4种方法学，以及VCS批准的改进森林经营（IFM）和REDD+项目的14种方法学，共计18种。项目开发方从这些方法学中找到适合项目的方法学，并遵照方法学的要求进行项目设计，最终签发VCUs。获得签发量和注销量最高的方法学主要适用于REDD+项目。从长期来看，林业碳汇项目执行周期长，可为项目业主提供可持续的融资机会，为发展中国家应对气候变化、改善生态环境、实现可持续发展目标提供资金支持作出积极贡献。

> REDD＋：是指减少发展中国家毁林、森林退化排放，以及森林保护、森林可持续经营和增加碳储量行动的激励机制和政策。

VCS对造林、再造林和植被恢复项目关于土地的规定是项目活动土地为1990年以来的无林地，项目在2005年后实施开发，且必须在项目开始5年内进行备案。VCS对IFM和REDD关于土地的规定分别是在项目开始前10年内由自然生态系统转化而来的土地上实施。项目活动的边界仅包括项目开始前10年内均为有林地的土地。根据2016年，中央一号文件关于"完善天然林保护制度，全面停止天然林商业性采伐"的规定以及我国天然林保护的相关法律法规和政策的要求，REDD项目所包括的减少天然林向非林地的转化概率及促进退化林地/次生林碳储存增加两种活动中，前者在我国可能不能完全满足VCS关于额外性的要求。因此，只有后者属于具有开发潜力的REDD项目类型。

资溪县天然乔木林中、幼龄林面积为7.48万公顷，为VCS项目理论最大开发面积。本书基于野外监测数据和前人研究结果（赵慧君，2019），测算资溪县基于VCS的林业碳汇交易潜力。预估 VCS 项目年减排量 20.48 万吨（二氧化碳当量），按照 20 年核证期计算，项目期共计减排量为 409.60 万吨（二氧化碳当量）。根据 VCS 要求，将 10% 的温室气体清除量纳入缓冲账户，实际最大可签发 VCUs 量为 368.64 万吨（二氧化碳当量）。根据碳排放交易网的数据，国际上 VCS 价格在 15～25 元/吨之间，因此资溪县基于 VCS 方法学开发林业碳汇潜力在 5529.60 万～9216 万元之间。

第三节　生态产品价值化实现的生态学路径设计

因地制宜探索生态产品价值实现路径，重在正确处理好经济发展和生态环境保护的关系，保护好绿水青山这个"金饭碗"。不同地区都可以因地制宜利用自然优势发展特色产业，通过改革创新让土地、劳动力、资产、自然风光等要素活起来，积极探索生态产品价值实现路径，努力提高生态产品供给能力和水平，推动经济效益、社会效益、生态效益同步提升，把"绿水青山"蕴含的生态产品价值转化为"金山银山"，让"绿水青山"颜值更高、"金山银山"成色更足。

一、绿色康养功能生态产业开发价值化实现路径

党的二十大报告指出，中国式现代化是人与自然和谐共生的现代化，把人与自然和谐共生当作中国式现代化的关键特征和本质要求之一，并且提出到 2035 年要达成建设美丽中国的目标。在此背景下，绿色康养功能生态产业开发价值化是创新性地践行绿水青山就是金山银山的关键路径和载体，关键是如何突破边界，重塑全新的模式。

江西是南方重点集体林区，森林覆盖率达 63.35%，在全国率先实现"国家森林城市"设区市全覆盖。2022 年，国家林业和草原局与江西省政府合作共建江西现代林业产业示范省。森林康养作为林业特色产业之一，被列入示范省建设和林下经济发展的重点支持内容。资溪县长期坚持"生态立县"，日益壮大绿色实力，并探索"森林+"融合发展模式，推动森林旅游向森林康养转型升级，走出了一条具有资溪特色的康养之路，并被认定为"全国森林康养标准化建设县"。

2020 年，资溪县大力开展生态产品价值实现机制试点，探索绿水青山与金山银山的双向转化路径，创建全省首个"两山"转化中心，形成了"两山"转化通道的"资溪方案"。先后搭建了资源收储中心、价值评估中心、资产运营中心、金融服务中心、资产交易平台，畅通了"资源—资产—资本—资金"通道，走出了一条保护资源、培育产业、助民致富的可持续发展新路。通过"两山"转化中心的实体化运作，全县目前已收储山林、河湖水面、闲置农房、土地经营权等生态资源资产 20 余项，总价值超过 10 亿元，并筹集资金 5 亿元设立生态产业引导基金，撬动社会资金 10 亿元发展林业及林下经济、20 多亿元进入旅游产业。

近年来，资溪县始终坚持绿色生态是资溪最大财富、最大优势、最大品牌，持续推进生态文明建设，"碳"索绿色发展新路，县域经济愈发壮大，生态优势不断凸显，有效打通了绿水青山就是金山银山的双向转化通道。

未来，资溪县应进一步遵循景观延续性、文化完整性和产业聚集性原则，依托境内森林、湿地、草原等生态多样性旅游景观，发挥区位优势，突出森林资源特色，做好生态保护等重大工程，打造集文化资溪、秘境资溪、康养资溪、绿色资溪、研学资溪等多功能于一体的复合型山水生态休闲旅游目的地。同时，依托资溪县地区独具优势的生态环境和优美的森林景观，整合提升"文化风景区"和"产业旅游观光区"等旅游产品体系，通过整合资源、提升品质，打造引领江西旅游区域发展的风景画廊。

同时，资溪县应进一步探索"森林+"融合发展模式，以满足多层次市场需求为导向，明确以森林康养为引领，中医治疗、森林食品开发、旅游康养一体同步发展的康养产业体系，按照"森林康养+文化"理念，丰富森林康养文化内涵，开发出以森林康养为主的养生课程。将户外运动项目、中医文化运用到森林康养中，为游客量身打造"运动处方"，推行"森林康养+食物"，并大力发展竹笋、白茶、食用菌、中药材及蜜蜂养殖等森林食品产业，全县"三品一标"农产品认证51个，林下经济发展面积突破10万亩，对于"森林+"融合发展具有一定的推动作用。通过举办森林旅游节、半程马拉松、山地自行车等各类节庆赛事运动，满足个性化森林康养需求，打造资溪"森林康养+"品牌，突出特色，建成享誉国内外著名的森林康养胜地。

除此之外，政府可建立更加紧密的旅游联盟，发挥跨区域文旅联动效应，打造全域旅游品牌，依托绿色生态与竹林产业资源优势，充分发挥独特地理优势，发展绿色康养等生态产业；充分依托江西省旅游产业发展大会等平台推介资溪品牌，系统性提升资溪生态产品附加值，加快资溪生态产品从"好颜值"向"好价值"有效转化。

二、绿色"碳库"功能生态权益交易价值化实现路径

该模式的典型案例为自然资源部发布的《生态产品价值实现典型案例（第三批）》中的德国生态账户及生态积分案例、福建三明市碳汇交易促进生态产品价值实现案例。在生态价

> **生态权益交易**：是指生产消费关系较为明确的生态系统服务权益、污染排放权益和资源开发权益的产权人和受益人之间直接通过一定程度的市场化机制实现生态产品价值的模式，是公共性生态产品在满足特定条件成为生态商品后直接通过市场化机制方式实现价值的唯一模式，是相对完善成熟的公共性生态产品直接市场交易机制，相当于传统的环境权益交易和国外生态系统服务付费实践的合集。

值核算过程中，德国不是采用"货币化"的方式度量生态系统服务的价值，而是采用"指数化"的方式将其转化为生态积分，既避免陷入"算多少、值多少"的误区，又为通过市场力量配置生态产品奠定了基础。福建三明市借助国际核证碳减排、福建碳排权交易试点等管控规则和自愿减排市场，探索开展林业碳汇产品交易。该做法是将生态系统的绿色"碳库"功能转化为可交易的碳汇产品，有利于实现生态产品的综合效益。

（一）林业碳票

2022年4月，中共江西省委、江西省人民政府印发了《关于完整准确全面贯彻新发展理念做好碳达峰碳中和工作的实施意见》（简称《意见》），明确要求"推进市场化机制建设。积极参与全国碳排放权交易市场建设"。资溪县可借鉴三明市"林业碳票"的模式，运用江西省的市场经济机制，建立资溪县碳交易市场，提高农户植树造林的积极性，拉动资溪县低碳经济增长，进而使资源达到优化配置。同时，可借鉴国内外碳交易模式的先进经验，结合资溪县的实际情况，在初期示范阶段，适用自愿交易模式，后期成熟后，可逐步发展为强制市场，并全面展开一级、二级市场交易。

> **林业碳票**：依据林业碳票管理办法，经第三方机构监测核算、有关部门审定备案并签发的碳减排量而制发的凭证，赋予交易、质押、兑现、抵消等权能的实物载体。

具体实施步骤如下：资溪县首先由政府部门根据环境质量控制总体和相关法律政策的约束推算出二氧化碳的最大允许排放量，将其分割成若干排放权并以"许可证"形式免费分配给碳排放企业。同时，由碳汇提供者直接向第三方认证机构提出申请，或委托代理机构向第三方认证机构提出申请，由第三方认证机构对碳汇量进行检测认证，通过第三方认证机构实际测定供给方生产的碳汇量，经换算后由政府相关部门授予其额度相当的"碳票"。供给方可以将其在交易市场上发布交易公告，进行出售。碳排放量超过既定配额的企业则向政府部门提出申请，在获得市场准入资格后，可根据公告，向交易所提出申请，进行交易。需求者向供给方购买相应"碳票"以冲抵其超额的碳排放，而通过节能减排和应用新技术产生的多余的"碳票"，企业亦可将其在市场上进行出售。由专门的监督机构和管理机构对交易流程进行监督，并在交易后负责检测和报告。"林业碳票"更加准确地反映林业在实现碳中和愿景中的重要作用，更好地构建森林生态产品价值补偿机制，调动林业经营主体造林育林的积极性，对于增加森林面积、提升森林质量、促进森林健康、增强森林生态系统碳汇增量，实现碳中和意义重大。

（二）降碳产品

《意见》中指出"加快推进绿色产品、低碳产品认证和应用推广"，资溪县应紧紧围绕增强造林固碳能力和营林固碳能力，持续开展大规模国土绿化行动。大力推进林业质量提升工程，科学选择造林树种，抓好中幼龄林抚育、退化林修复、疏林封育及补植补造、灌木林经营提升等工作；以降碳产品方法学为指导，加快全县降碳产品开发、申报、登记等工作，鼓励支持社会各界开发降碳产品，加强降碳项目储备。建立以政府主导、市场运作的"谁开发谁受益、谁超排谁付费"的降碳产品价值实现政策体系，调动全社会开发降碳项目积极性，激发"两高"企业节能减污降碳内生动力，充分发挥市场在资源配置中的决定性作用，推动降碳产品生态价值有效转化。鼓励政府机关、国有企业、社会机构、科研院所在举办专业会议、商务展览、大型活动时，购买降碳产品中和碳排放。依托江西省、抚州市以及资溪县公共资源交易中心，建立全县降碳产品价值实现管理平台，组织实施降碳产品项目审核、备案，将生态空间绿色"碳库"功能以碳封存的方式置于市场中进行交易，以供企业购买碳排放权。

按照当前降碳产品的交易价格计算，资溪县森林全口径碳汇144.19万吨二氧化碳当量，可实现交易价格6390.44万元。资溪县降碳产品资源丰富，积极开发降碳产品，实现降碳产品价值有效转化，不仅可以将生态优势转化为经济优势，助力实现资溪县二次创业，也必将有力推动全县产业结构绿色低碳转型，实现经济社会高质量发展。降碳产品生态价值实现服务平台启动运行，可以更好地服务降碳产品生态价值实现，保障价值实现机制持续健康运行，为做大做优做强江西省绿色低碳产业注入绿色创新活力。

此外，资溪县生态空间资源丰富，通过绿色"碳库"功能吸收固定转化空气中的二氧化碳，起到了降碳减排的作用，减轻了工业减排的压力。政府机构可以依托全国对安全优质特色农牧产品的巨大潜在需求，依托优质生态资源发展精准生态农业，如林下经济（林菌、林药、林禽、林畜、林蜂、林蛙等）或优质农牧产品，再通过品牌赋能机制提高产品附加值和市场认可度。另外，资溪县可以通过林草碳汇机制在全国碳市场交易实现生态收益，以生态权益交易模式逐步打通将生态价值转化为经济价值的渠道，实现生态环境保护与经济发展协同共进。

三、绿色产品功能生态资本交易价值化实现路径

生态资本收益模式中的绿色金融扶持是利用绿色信贷、绿色债券、绿色保险等金融手段鼓励生态产品生产供给。生态保护补偿、生态权属交易、经营开发利用、生态资本收益等生态产品价值实现路径都离不开金融业的资金支持，即离不开绿色金融，可以说绿色金融是所有生态产品生产供给及其价值实现的支持手段（张林波等，2019）。但绿色金融发展，需要加强法制建设以及政府主导干预，才能充分发挥绿色金融政策在生态产品生产供给及其价值实现中的信号和投资引导作用。

> 生态资本收益：是指生态资源资产通过金融方式融入社会资金，盘活生态资源实现存量资本经济收益的模式（高吉喜，2016），可以分为绿色金融扶持、资源产权融资和补偿收益融资三类。

该模式的可参考案例为自然资源部发布的《生态产品价值实现典型案例（第一批）》中的福建省南平市"森林生态银行"案例。福建省南平市借鉴商业银行分散化输入、整体化输出的模式，构建"森林生态银行"这一自然资源管理、开发和运营的平台，对碎片化的森林资源进行集中收储和整合优化，转换成连片优质的"资产包"引入社会资本和专业运营商具体管理，打通了资源变资产、资产变资本的通道，提高了资源价值和生态产品的供给能力，促进了生态产品价值向经济发展优势的转化。依据此案例，对资溪县主要生态空间引入社会资本和专业运营商具体管理，实现生态资本收益。具体做法：

一是政府主导，设计和建立"生态银行"运行机制，由资溪县林业局控股、其相关单位及社会组织团体等参股，成立资源运营有限公司，注册一定数额的资本金，作为"生态银行"的市场化运营主体的资金基础。公司下设数据信息管理、资产评估收储等"两中心"和资源经营、托管、金融服务等"三公司"，前者提供数据和技术支撑，后者负责对资源进行收储、托管、经营和提升。同时，整合资源调查团队和基层看护人员等力量，有序开展资源管护、资源评估、改造提升、项目设计、经营开发、林权变更等工作。目前，资溪县借鉴银行"存""贷"理念，在江西率先成立"两山"转化中心，依托该中心进行部门和职能的划分，进一步探索形成打通"两山"转化通道的"资溪方案"。

二是全面摸清森林、湿地、草地资源底数。根据林地分布、森林质量、保护等级、林地权属等因素对森林资源进行调查摸底；根据湿地面积、湿地类型、湿地分布、湿地水质等因素对湿地资源进行调查摸底；根据草地分布、草地退化程度、草场等级等因素对草地资源进行调查摸底，并进行确权登记，明确产权主体、划清产权界线，形成全县资源"一张网、一张图、一个库"数据库管理。通过核心编码对全县资源进行全生命周期的动态监管，实时掌握质量、数量及管理情况，实现资源数据的集中管理与服务。

三是推进资源流转，实现资源资产化。鼓励农民在平等自愿和不改变林地、草地所有权的前提下，将碎片化的森林、草地资源经营权和使用权集中流转至"生态银行"，由后者通过科学管理等措施，实施集中储备和规模整治，转换成权属清晰、集中连片的优质"资产包"。为保障农民利益和个性化需求，"生态银行"共推出入股、托管、租赁、赎买4种流转方式，同时，"生态银行"可与资溪县某担保公司共同成立林业融资担保公司，为有融资需求的相关企业、集体或农民提供产权抵押担保服务，担保后的贷款利率要低于一般项目的利率，通过市场化融资和专业化运营，解决资源流转和收储过程中的资金需求。

四是开展规模化、专业化和产业化开发运营，实现生态资本增值收益。优化林分结构，增加林木蓄积量，促进森林资源资产质量和价值的提升。引进实施 FSC 国际森林认证，规范传统林区经营管理，为森林加工产品出口欧美市场提供支持。积极发展木材经营、林下经济、森林康养等"林业+"产业，推动林业产业多元化发展；加强对湿地的保护，在不破坏湿地生态环境的情况下，合理开采湿地提供的鱼虾产品以及芦苇等植物产品；加强对竹笋两用毛竹林的经营和管理，增加和提升毛竹林的面积和质量，保障竹产业的发展。采取"管理与运营相分离"的模式，将交通条件、生态环境良好的森林、湿地、草地区域作为旅游休闲区，运营权整体出租给专业化运营公司，提升各类资源资产的复合效益，探索"社会化生态补偿"模式，发行生态彩票等方式实现生态产品价值。

总而言之，资溪县是我国优质生态产品的重要供给区之一，要科学谋划生态空间"十四五"产业发展规划，重点着力于特色产业，打造绿色林下经济特有品牌，利用好各类产业发展政策，做强本土特色县域林下经济文章，坚持"生态建设产业化、产业发展生态化"发展思路，不断推动本区域更多的特色优势产业发展，不断挖掘和整合现有各类龙头、示范企业引领作用，实现资源保护和开发利用辩证统一，重点推进区域绿色金融改革创新。以项目为抓手，开展资溪生态空间绿色核算及结果运用，聚焦生态产业项目，绘制生态价值监测图，清晰直观地反映各阶段整治过程对特定地域单元内生态产品价值的影响。在生态产品抵押方面，鼓励金融机构根据生态空间绿色核算结果，创新信贷模式，扩大中长期贷款的支持范围，以政策带动生态空间生态产品绿色核算发展应用。金融机构相应开发"生态修复贷""生态空间生态产品增值贷"等绿色金融产品，有力支持资溪产业生态化长远健康发展。

第四节　生态产品价值化实现的促进措施

一、科学开展生态产品价值核算，推进"三个应用"

当前，我国林业生态建设从传统的第一产业——种植业、第二产业——林木加工业、第三产业——林草旅游业，逐步转变为涵盖第四产业——生态产品产业全新完整的产业链。在明确生态空间边界、数量、质量、分布、用途的基础上，科学开展生态空间生态产品价值核算，建立可重复、可比较、可应用的核算体系。以森林、湿地、草地资源连续清查数据、全国土地调查数据为基准，根据生态空间生态产品价值核算目标建立生态产品目录清单，调查统计年度的生态空间生态产品供给量（实物量），采用科学化、标准化的核算方法，对不同资源类型进行分布式测算后，统计生态产品的总价值（价值量），汇成生态产品价值核算基础数据。核算项目应包括支持服务、调节服务、供给服务、文化服务等多方面指标，且应要规避将未产生实际惠益的假想服务纳入核算导致的结果虚高问题。在实物量测算过程中，应尽量采用统计年鉴数据，以及行业主管部门、行业协会提供的统计数据，同时还需要收集相关的气象数据、水文数据和经济社会数据。价值量核算方法必须具有可操作性，在采用替代市场法、假想市场法等定价方法时，在保证各项指标参数设定严谨的基础上，还应充分考虑数据获取可能性和获取成本问题。

在科学开展生态产品价值核算的基础上，推进"三个应用"，分别是应用于资溪县发展规划、应用于绿色发展政策、应用于生态文明考核指标，切实拓宽"两山"转换通道，形成"资溪方案"。

应用于资溪县发展规划，"十四五"时期，我国生态文明建设坚持以绿色发展理念为引领，基于资溪县生态空间生态产品对经济发展的贡献，拓展生态产品价值实现通道，走产业生态化和生态产业化协同的绿色发展之路。充分发挥资溪县生态空间绿色核算在绿色发展中的引领作用，加快形成绿色发展方式，通过调整经济结构和能源结构，优化国土空间开发布局，培育壮大节能环保产业、清洁生产产业、清洁能源产业，推进生态产业化和产业生态化，持续培育壮大绿色发展新动能，积极提供更多优质生态产品满足人民日益增长的优美生态环境需要，走出一条属于资溪县的可持续发展之路。

应用于绿色发展政策，将生态空间生态产品核算体系引入到生态优先、绿色发展的政策体系中，坚持生态优先、绿色发展，聚焦绿色转型、聚力高质量发展，全力构筑绿色农畜产品产业、绿色煤电铝产业、现代能源示范产业等产业集群，打出一套绿色转型发展组合拳。尤其是可以考虑试行与生态产品质量和价值相挂钩的财政奖补机制，以资溪县治沙植树造林为依托，提高各级政府保护生态环境的积极性，将资溪县生态产品价值落实为经济价值，同时也把绿水青山变成了实实在在的金山银山，寻求维护良好生态环境、充分体现生态系统价值的有效路径和模式。

应用于生态文明考核指标，党的十八大以来，党中央、国务院就加快推进生态文明建设作出一系列决策部署，先后印发了《关于加快推进生态文明建设的意见》（简称《意见》）和《生态文明体制改革总体方案》（简称《方案》），确立了我国生态文明建设的总体目标和生态文明体制改革总体实施方案。《意见》和《方案》明确提出，要健全政绩考核制度，建立体现生态文明建设要求的目标体系、考核办法、奖惩机制，把资源消耗、环境损害、生态效益等指标纳入经济社会发展评价体系。构建基于生态产品绿色核算结果的生态文明考核体系，建立资溪县生态产品绿色核算成果年度发布制度，出台《生态产品综合考评办法》，将生态产品总价值指标纳入党委和政府高质量发展综合绩效评价，重点考核生态产品供给能力、环境质量提升、生态保护成效等方面指标，以及经济发展和生态产品价值"双考核"。推动将生态产品价值核算结果作为领导干部自然资源资产离任审计的重要参考。对任期内造成生态产品总值严重下降的，依规依纪依法追究有关党政领导干部责任。

二、合理制定产业发展规划，打通绿水青山向金山银山转化通道

生态产品价值实现要坚持顶层设计、规划引领，合理制定森林生态产业发展规划，覆盖森林生态系统保护和修复、碳汇林营造、林下经济资源开发和利用、国家储备林建设等方面，与生态补偿、生态税费、权属交易、产品溢价等生态产品价值实现模式关联起来。要对森林生态产品资源的基本状况进行系统把握，具体包括资源数量、构成、分布、市场前景等多个方面，结合自然地理条件、资源禀赋优势和经济社会现状，合理确定本地发展模式和重点产业发展目标，因时制宜、因地制宜、分类施策，全面提高森林生态产品的供给数量和质量，妥善处理保护生态与经济发展、重点突破与统筹推进、市场需求与产业规模之间的关系。

尤其是优质生态产品的供给，优质产品供给是生态产品价值实现的根本保障。需要根据市场需求和行业发展动向，结合资源禀赋、地区特色、目标市场等因素，深度开发利用良种和新品种，使木本粮油、干鲜果品、食用菌、药材、花卉、种苗、木（竹）材等产品的价值得到充分体现，乃至产生商品增值溢价，注重生产"无农残检出、无抗生素检出、无激素检出、无重金属污染"的"四无"森林产品，不断开发出品质过硬、群众喜爱的森林生态产品并推向市场。同时，提高产品附加值是获得溢价的关键，塑造商业品牌、申请知识产权、通过"三品"（无公害农产品、绿色食品和有机食品）认证等方式已经成为共识。近年来，打造区域公共品牌、建立产品溯源体系、通过碳中和产品认证、获取碳足迹标签等，成为巩固优化品牌、提高产品附加值、赢得消费市场的新途径。应深入研究市场需求和消费者反馈情况，定向开发出特色鲜明、适应市场的森林生态产品，加大媒体网络宣传推介力度，让深藏于森林的生态产品走入大众视野，通过社会认可来实现更高的产品价格和销售总量，满足当代消费者对于绿色、环保、健康产品的旺盛需求。

同时，目前资溪已形成以商品林为代表的"集中收储+代偿担保"模式、以生态林为代表的"森林康养+补偿权抵押"模式；以毛竹林抚育、造林为基础的"林业碳汇提升+乡村振兴+共同富裕"的模式；以大觉山景区为代表的"文化调节+收费权抵押"模式；以资溪白茶为代表的"产业基地+研学观光"模式等，充分展现资溪绿水青山"蝶变"为金山银山的多元路径。将产业和绿色康养相结合，科学制定文旅融合发展规划，凸显地域资源和文化特色，创建森林、草地、湖泊、湿地绿色旅游路线图谱，大力发展生态空间绿色旅游业，强化生态旅游路线图谱的保护及生态修复工作，以自然生态美景为基础、以本土文化品牌为特色、以体验产品为卖点、以产业融合发展为目标，让特定区域内的生态环境资源能够作为要素投入到适宜业态中并参与融资和收益分配，推动生态产品"使用价值"转为"市场价值"并最终形成"交易价格"，从而打通生态优势县域"两山"转化的市场化路径，推动实现乡村振兴和共同富裕。

三、协同跨界创新，生态第四产业助力文旅高质量发展

绿色康养功能生态产业开发价值化是创新性地践行绿水青山就是金山银山的关键路径和载体，资溪县的发展关键是如何突破绿色康养功能生态产业开发边界，重塑生态文旅全新模式。

当前，我国文旅产业逻辑已发生巨大变化，首先是消费客群发生巨大变化，包括年轻化和老龄化两个方面，二者对于文旅产品有更高的体验要求，年轻人的品位逐渐演变成当下主流产品的共同追求，最为典型的案例包括"淄博烧烤""贵州村超""天津跳水大爷"等，充分反映出背后的消费热潮，以及年轻人的消费动态和消费趋势。同时，人口结构的变化也会对文旅产业产生较大的影响。研究表明，我国将在2035年左右，60岁及以上老年人口突破4亿，在总人口中的占比超过30%。根据全国老龄工作委员会调查显示，我国每年老年人旅游人数占全国旅游总人数的比重超过20.0%，其占比仅低于中年旅游市场。2021年，老年人旅游消费已超过7000亿元。围绕老龄人群的产业发展生态旅游有巨大的发挥空间，尤其是绿色康养的生态产业面临极大的市场机遇。

其次，文旅投资模式发生变化。2020—2022年，入局文旅企业投资的国资平台已不局限于地方文旅集团、地方城投平台与地方地产企业。在地方文旅集团负债渐增、地产企业捉襟见肘的2023年，更有"家底"的科技产业类投资集团承担起了这一角色。尤其是过去二十多年中房地产带动文旅开发导致大量存量资产。如何盘活存量资产，提升内容和升级产品是当前文旅投资的重点，资溪县应以空间为主题，切入科技产业类等其他行业，形成以空间为载体的IP内容平台，托举房地产的新增长及新业务板块的生成。

现阶段，消费群体的旅游动机正逐渐从"被景点吸引"向"被城市吸引"转化，这一趋势促使各地政府要持续了解市场新动态、消费者新需求，打造新产品、创造新体验，总结生态产品的第四理论，从江西省、抚州市、资溪县三级层面的富民产业进行联动，将地物产品、文化、非遗通过产业链带动起来，重点发展协同跨界创新，研发生态产品的开发和价值实现体系，利用生态第四产业助力文旅高质量发展。

四、充分发挥政府主导作用，积极构筑交流合作体系

政府部门应在森林生态产品价值实现中发挥主导作用，引领"两山"价值转化。一是加快国内林权制度改革，构建完善的森林资源产权制度，解决森林资源所有权边界模糊问题，推进森林资源流转和交易。二是针对森林生态产品价值实现开展专项调研，建立健全相关政策法规和标准体系，明确政策支持的方向和具体措施。三是完善生态保护补偿机制，加快确立森林公共服务产品"供给受益，使用付费，破坏赔偿"的利益导向机制，实现基于森林生态效益的横向补偿、纵向补偿和损害赔偿，开展森林资源权益指标交易，推进碳排放权交易机制下的林业碳汇模式创新和成果应用。四是制定人才培养和引进政策，建立起完善的

人才培养机制和平台，引导更多高水平人才参与到森林生态产品的研究和经营活动中，打造森林生态产品价值实现高端智库。五是各地政府应推进核算结果在规划编制、政府决策、项目建设、市场交易、生态监测、考核考评中的应用，建立本地化森林生态产品价值实现机制实施方案，与林长制联系起来，推动层层深入、分级落实，取得更多的标志性成果。

同时，以政府为主导，积极构建合作交流体系，特别是与森林生态产品供给相关的林农、企业、高校、科研机构和社会组织，尤其是在同一自然地理分布区内、同一行政区划内、同一细分行业内的经营和研究主体，应紧密围绕"价值实现"这一共同目标，凝聚共识、形成合力，积极构筑森林生态产品价值实现交流合作体系，推动"产、学、研、用"的深度融合。建立森林生态产品开发和利用的多方合作平台，包括线上和线下的交流平台、展示平台、合作平台等，便于各方之间的沟通和合作。开展多种形式的商贸活动，如森林生态产品博览会、展销会、发布会、企业家论坛等，推进森林生态产品供给方与需求方、资源方与投资方的高效对接，切实提高森林生态产品价值实现效能。

参考文献

陈岳，伍学龙，魏晓燕，等，2021. 我国生态产品价值实现研究综述 [J]. 环境生态学，3（11）：29-34.

崔丽娟，2004. 鄱阳湖湿地生态系统服务功能价值评估研究 [J]. 生态学杂志（4）：47-51.

邓聪，周资民，熊宇，2022. 资溪县林木种质资源调查分析与保护建议 [J]. 南方农业，16（17）：211-214.

丁惠萍，张社奇，钱克红，等，2006. 森林生态系统稳定性研究的现状分析 [J]. 西北林学院学报，21（4）：28-30.

房瑶瑶，王兵，牛香，2015. 陕西省关中地区主要造林树种大气颗粒物滞纳特征 [J]. 生态学杂志，34（6）：1516-1522.

冯朝阳，吕世海，高吉喜，等，2008. 华北山地不同植被类型土壤呼吸特征研究 [J]. 北京林业大学学报，30（2）：20-26.

高吉喜，李慧敏，田美荣，2016. 生态资产资本化概念及意义解析 [J]. 生态与农村环境学报，32（1）：41-46.

高晓龙，林亦晴，徐卫华，等，2020. 生态产品价值实现研究进展 [J]. 生态学报，40（1）：24-33.

郭慧，2014. 森林生态系统长期定位观测台站布局体系研究 [D]. 北京：中国林业科学研究院.

国家发展与改革委员会能源研究所（原：国家计委能源所），1999. 能源基础数据汇编（1999）[G].16.

国家环境保护部，2018. 中国环境统计年报 2017[M]. 北京：中国统计出版社.

国家林业和草原局，2014. 2013 退耕还林工程生态效益监测国家报告 [M]. 北京：中国林业出版社.

国家林业和草原局，2015. 2014 退耕还林工程生态效益监测国家报告 [M]. 北京：中国林业出版社.

国家林业和草原局，2016. 2015 退耕还林工程生态效益监测国家报告 [M]. 北京：中国林业出版社.

国家林业和草原局，2016. 天然林资源保护工程东北、内蒙古重点国有林区效益监测国家报告 [M]. 北京：中国林业出版社.

国家林业和草原局，2017. 2016 退耕还林工程生态效益监测国家报告 [M]. 北京：中国林业出版社.

国家林业和草原局，2017. 中国森林资源报告（2014—2018）[M]. 北京：中国林业出版社.

国家林业和草原局，2020. 森林生态系统服务功能评估规范（GB/T 38582—2020）[S]. 北京：中国标准出版社.

国家林业和草原局，2020. 中国林业和草原统计年鉴 2019 [M]. 北京：中国林业出版社.

国家林业局，2003. 森林生态系统定位观测指标体系（GB/T 35377—2011）[S]. 北京：中国标准出版社.

国家林业局，2004. 国家森林资源连续清查技术规定 [S]. 北京：中国林业出版社.

国家林业局，2005. 森林生态系统定位研究站建设技术要求（LY/T 1626—2005）[S]. 北京：中国标准出版社.

国家林业局，2007. 干旱半干旱区森林生态系统定位监测指标体系（LY/T 1688—2007）[S]. 北京：中国标准出版社.

国家林业局，2007. 暖温带森林生态系统定位观测指标体系（LY/T 1689—2007）[S]. 北京：中国标准出版社.

国家林业局，2008. 寒温带森林生态系统定位观测指标体系（LY/T 1722—2008）[S]. 北京：中国标准出版社.

国家林业局，2010. 森林生态系统定位研究站数据管理规范（LY/T 1872—2010）[S] 北京：中国标准出版社.

国家林业局，2010. 森林生态站数字化建设技术规范（LY/T 1873—2010）[S]. 北京：中国标准出版社.

国家林业局，2011. 森林生态系统长期定位观测方法（GB/T 33027—2016）[S]. 北京：中国标准出版社.

国家统计局，2017. 中国统计年鉴 2016 [M]. 北京：中国统计出版社.

国务院，2005. 全国主体功能区规划 [M]. 北京：人民出版社.

郝仕龙，李春静，李壁成，2010. 黄土丘陵沟壑区农业生态系统服务的物质量及价值量评价 [J]. 水土保持研究，17（5）：163-166+171.

江柳春，龙文光，曹俊林，2023. 资溪县外来植物现状调查及防控策略 [J]. 南方农业，17（21）：40-43.

江西省统计局，2022. 江西统计年鉴 2021 [M]. 北京：中国统计出版社.

李少宁，王兵，郭浩，等，2007. 大岗山森林生态系统服务功能及其价值评估 [J]. 中国水土保持科学，5（6）：58-64.

李顺龙，2005. 森林碳汇经济问题研究 [D]. 哈尔滨：东北林业大学.

廖茂林，潘家华，孙博文，2021.生态产品的内涵辨析及价值实现路径[J].经济体制改革（1）：12-18.

林联盛，刘木生，钱海燕，等，2008.资溪县生态功能区划研究[J].江西农业学报，20（4）：111-113

林泉斌，胥亚君，熊宇，2022.资溪县野生红豆树群落分布现状与保护策略[J].南方农业，16（24）：107-109，113.

牛香，2012.森林生态效益分布式测算及其定量化补偿研究——以广东和辽宁省为例[D].北京：北京林业大学.

牛香，宋庆丰，王兵，等，2013.黑龙江省森林生态系统服务功能[J].东北林业大学学报，41（8）：36-41.

牛香，王兵，2012，基于分布式测算方法的福建省森林生态系统服务功能评估[J].中国水土保持科学，10（2）：36-43.

全国人民代表大会常务委员会，2018.中华人民共和国环境保护税法[M].北京：中国法治出版社.

沈辉，李宁，2021.生态产品的内涵阐释及其价值实现[J].改革（9）：145-155.

石银平，饶小梅，2021.江西资溪县竹产业高质量发展建议[J].世界竹藤通讯，19（5）：78-81.

宋启亮，董希斌，2014.大兴安岭不同类型低质林群落稳定性的综合评价[J].林业科学，50（6）：10-17.

孙庆刚，郭菊娥，安尼瓦尔·阿木提，2015.生态产品供求机理一般性分析——兼论生态涵养区"富绿"同步的路径[J].中国人口·资源与环境，25（3）：19-25.

唐潜宁，2017.生态产品供给制度研究[D].重庆：西南政法大学.

王兵，2015.森林生态连清技术体系构建与应用[J].北京林业大学学报，37（1）：1-8.

王兵，丁访军，2010.森林生态系统长期定位观测标准体系构建[J].北京林业大学学报，32（6）：141-145.

王兵，丁访军，2012.森林生态系统长期定位研究标准体系[M].北京：中国林业出版社.

王兵，鲁绍伟，2009.中国经济林生态系统服务功能价值评估[J].应用生态学报，20（2）：417-425.

王兵，牛香，宋庆丰，2020.中国森林生态系统服务评估及其价值化实现路径设计[J].环境保护，48（14）：28-36.

王兵，牛香，宋庆丰，2021.基于全口径碳汇监测的中国森林碳中和能力分析[J].环境保护，49（16）：30-34.

王兵，任晓旭，胡文，2011，中国森林生态系统服务功能及其价值评估[J].林业科学，47（2）：145-153

王兵，宋庆丰，2012.森林生态系统物种多样性保育价值评估方法 [J].北京林业大学学报，34（2）：157-160.

王兵，魏江生，胡文，2011.中国灌木林—经济林—竹林的生态系统服务功能评估 [J].生态学报，31（7）：1936-1945.

王金南，王夏晖，2020.推动生态产品价值实现是践行"两山"理念的时代任务与优先行动 [J].环境保护，48（14）：9-13.

王谢，2015.柏木人工林土壤有机碳组分对人工更新林窗的早期响应机制 [D].雅安：四川农业大学.

武金翠，周军，张宇，等，2020.毛竹林固碳增汇价值的动态变化：以福建省为例 [J].林业科学，56（4）：181-187.

谢高地，鲁春霞，冷允法，等，2015.青藏高原生态资产的价值评估 [J].自然资源学报，18（2）：189-196.

谢高地，张钇锂，鲁春霞，等，2001.中国自然草地生态系统服务功能价值 [J].自然资源学报，16（1）：47-53.

余瑶，李瑞强，2021.试论资源禀赋条件与居民消费差距的弥合 [J].商业经济研究（24）：43-46.

虞慧怡，张林波，李岱青，等，2019.生态产品价值实现的国内外实践经验与启示 [J].环境科学研究：1-8.

曾贤刚，虞慧怡，谢芳，2014.生态产品的概念、分类及其市场化供给机制 [J].中国人口·资源与环境，24（7）：12-17.

张红燕，周宇峰，张媛，等，2020.基于文献计量分析的近30 A国际竹林碳汇研究进展 [J].竹子学报，39（1）：13-23.

张林波，虞慧怡，郝超志，等，2021.生态产品概念再定义及其内涵辨析 [J].环境科学研究，34（3）：655-660

张林波，虞慧怡，李岱青，等，2019.生态产品内涵与其价值实现途径 [J].农业机械学报，50（6）：173-183.

张林波，虞慧怡，李岱青，等，2019.生态产品内涵与其价值实现途径 [J].农业机械学报，50（6）：173-183.

张维康，2016.北京市主要树种滞纳空气颗粒物功能研究 [D].北京：北京林业大学.

张昕，2015.CCER交易在全国碳市场中的作用和挑战 [J].中国经贸导刊（10）：57-59.

赵慧君，2019.中国林业碳汇项目开发潜力研究分析 [D].北京：北京林业大学.

赵景柱，肖寒，吴刚，2000.生态系统服务的物质量与价值量评价方法的比较分析 [J].应用生态学报（2）：290-292.

赵同谦，欧阳志云，贾良清，等，2004. 中国草地生态系统服务功能间接价值评价 [J]. 生态学报，24（6）：1101-1110.

赵同谦，欧阳志云，郑华，等，2004. 草地生态系统服务功能分析及其评价指标体系 [J]. 生态学杂志，23（6）：155-160.

中共中央、国务院印发《国有林场改革方案》和《国有林区改革指导意见》[N]. 人民日报，2015-03-18.

中国国家标准化管理委员会，2008. 综合能耗计算通则（GB 2589—2008）[S]. 北京：中国标准出版社.

中国森林资源核算及纳入绿色GDP研究项目组，2004. 绿色国民经济框架下的中国森林资源核算研究 [M]. 北京：中国林业出版社.

中国森林资源核算研究项目组，2015. 生态文明制度构建中的中国森林资源核算研究 [M]. 北京：中国林业出版社.

中国生物多样性研究报告编写组，1998. 中国生物多样性国情研究报告 [M]. 北京：中国环境科学出版社.

中华人民共和国统计局，城市社会经济调查司，2018. 中国城市统计年鉴2017 [M]. 北京：中国统计出版社.

周国模，刘恩斌，佘光辉，2006. 森林土壤碳库研究方法进展 [J]. 浙江林学院学报（2）：207-216.

周璞，侯华丽，张惠，等，2021. 碳中和背景下提升土壤碳汇能力的前景与实施建议 [J]. 环境保护，49（16）：63-67.

ALI A A, XU C, ROGERS A, et al., 2015. Global-scale environmental control of plant photosynthetic capacity [J].Ecological Applications, 25（8）：2349-2365.

BELLASSEN V, VIOVY N, LUYSSAERT S, et al., 2011. Reconstruction and attribution of the carbon sink of European forests between 1950 and 2000[J]. Global Change Biology, 17（11）：3274-3292.

CALZADILLA P I, SIGNORELLI S, ESCARAY F J, et al., 2016. Photosynthetic responses mediate the adaptation of two *Lotus japonicus* ecotypes to low temperature[J]. Plant Science, 250：59-68.

CARROLL C, HALPIN M, BURGER P, et al., 1997. The effect of crop type, crop rotation, and tillage practice on runoff and soil loss on a Vertisol in central Queensland[J]. Australian Journal of Soil Research, 35（4）：925-939.

COSTANZA R, D ARGE R, GROOT R, et al., 1997. The value of the world's ecosystem services and natural capital[J]. Nature, 387（15）：253-260.

DAILY G C, et al., 1997. Nature's services：Societal dependence on natural ecosystems[M].WashingtonDC：Island Press.

DAN WANG, BING WANG, XIANG NIU, 2013. Forest carbon sequestration in China and its development[J]. China E-Publishing, 4：84-91.

FANG J Y, CHEN A P, PENG C H, et al., 2001. Changes in forest biomass carbon storage in China between1949 and 1998[J]. Science, 292：2320-2322.

FANG J Y, WANG G G, LIU G H, et al., 1998. Forest biomass of China：An estimate based on the biomass volume relationship[J]. Ecological Applications, 8（4）：1084-1091.

FENG LING, CHENG SHENGKUI, SU HUA, et al., 2008. A theoretical model for assessing the sustainability of ecosystem services[J]. Ecological Economy, 4：258-265.

GILLEY J E, RISSE L M, 2000. Runoff and soil loss as affected by the application of manure[J]. Transactions of the American Society of Agricultural Engineers, 43（6）：1583-1588.

GOLDSTEIN A, HAMRICK K, 2013. A Report by Forest Trends'Ecosystem Marketplace[R].

GOWER S T, MC MURTRIE R E, MURTY D, 1996. Aboveground net primary production decline with stand age：Potential causes[J]. Trends in Ecology and Evolution, 11（9）：378-382.

HAGITATTIYA, 2008. 分布式计算（2008）[M] 北京：电子工业出版社.

HUANG J H, HAN X G, 1995. Biodiversity and ecosystem stability[J]. Chinese Biodiversity, 3（1）：31-37

IPCC, 2003. Good practice guidance for land use, land-use change and forestry[R].The Institute for Global Environmental Strategies（IGES）.

MA（Millennium Ecosystem Assessment）, 2005. Ecosystem and human well-being：Synthesis[M]. Washington DC：Island Press.

MURTY D, MCMURTRIE R E, 2000. The decline of forest productivity as stands age：A model-based method for analysing causes for the decline[J]. Ecological modelling, 134（2）：185-205.

NIKOLAEV A N, FEDOROV P P, DESYATKIN A R, 2011. Effect of hydrothermal conditions of permafrost soil on radial growth of larch and pine in Central Yakutia [J]. Contemporary Problems of Ecology, 4（2）：140-149.

NISHIZONO T, 2010. Effects of thinning level and site productivity on age-related changes in stand volume growth can be explained by a single rescaled growth curve[J]. Forest Ecology and Management, 259（12）：2276-2291.

NIU X, WANG B, 2014. Assessment of forest ecosystem services in China：A methodology [J]. J. of Food, Agric. and Environ, 11：2249-2254.

NIU X, WANG B, LIU S R, 2012. Economical assessment of forest ecosystem services in China：Characteristics and implications[J]. Ecological Complexity, 11：1-11

NIU X, WANG B, WEI W J, 2013. Chinese forest ecosystem research network: A platform for observing and studying sustainable forestry[J]. Journal of Food, Agriculture & Environment, 11 (2): 1008-1016

NOWAK D J, HIRABAYASHI S, BODINE A, et al., 2013. Modeled $PM_{2.5}$ removal by trees in ten US citiesand associated health effects[J]. Environmental Pollution, 178: 395-402.

PALMER M A, MORSE J, BERNHARDT E, et al., 2004. Ecology for a crowed planet[J]. Science, 304: 1251-1252.

POST W M, EMANUEL W R, ZINKE P J, et al., 1982. Soil carbon pools and world life zones[J]. Nature, 298: 156-159.

SMITH N G, DUKES J S, 2013. Plant respiration and photosynthesis in globalscale models: Incorporating acclimation to temperature and CO_2 [J]. Global Change Biology, 19 (1): 45-63.

SONG C, WOODCOCK C E, 2003. Monitoring forest succession with multitemporal landsat images: Factors of uncertainty[J]. IEEE Transactions on Geoscience and Remote Sensing, 41 (11): 2557-2567.

SONG Q F, WANG B, WANG J, et al., 2016. Endangered and endemic species increase forest conservation values of species diversity based on the Shannon-Wiener index[J]. iForest Biogeosciences and Forestry, 9 (3): 469.

SUTHERLAND W J, ARMSTRONG-BROWN S, ARMSWORTH P R, et al., 2006. The identification of 100 ecological questions of high policy relevance in the UK[J]. Journal of Applied Ecology, 43: 617-627.

TEKIEHAIMANOT Z, JARVIS P G, LEDGER D C, 1991. Rainfall interception and boundary layer conductance in relation to tree spacing[J]. Journal of Hydrology, 123: 261-278.

WANG B, REN X X, HU W, 2011. Assessment of forest ecosystem services value in China[J]. Scientia Silvae Sinicae, 47 (2): 145-153.

WANG B, WANG D, NIU X, 2013a. Past, present and future forest resources in China and the implications for carbon sequestration dynamics[J]. Journal of Food, Agriculture & Environment, 11(1): 801-806.

WANG B, WEI W J, LIU C J, et al., 2013b. Biomass and carbon stock in moso bamboo forests in subtropical China: Characteristics and implications[J]. Journal of Tropical Forest Science, 25 (1): 137-148.

WANG B, WEI W J, XING Z K, et al., 2012. Biomass carbon pools of *cunninghamia lanceolata* (Lamb.) Hook. forests in subtropical China: Characteristics and potential[J]. scandinavian Journal of Forest Research: 1-16

WANG R, SUN Q, WANG Y, et al., 2017. Temperature sensitivity of soil respiration: Synthetic effects of nitrogen and phosphorus fertilization on Chinese Loess Plateau [J]. Science of The Total Environment, 574: 1665-1673.

YOU W Z, WEI W J, ZHANG H D, 2012. Temporal patterns of soil CO_2 efflux in a temperate Korean Larch (*Larix olgensis* Herry.) plantation, Northeast China[J]. Trees, DOI10.1007/s00468-013-0889-6.

WOODALL C W, MORIN R S, STEINMAN J R, et al., 2010. Comparing evaluations of forest health based on aerial surveys and field inventories: Oak forests in the Northern United States[J]. Ecological Indicators, 10 (3): 713-718

XUE P P, WANG B, NIU X, 2013. A simplified method for assessing forest health, with application to Chinese fir plantations in Dagang Mountain, Jiangxi, China[J]. Journal of Food, Agriculture & Environment, 11 (2): 1232-1238.

ZHANG B, WEN H L, GAO D X, et al., 2010. Water conservation of forest ecosystem in Beijing and its value[J].Ecological Economics, 69 (7): 1416-1426.

ZHANG W K, WANG B, NIU X, 2015. Study on the adsorption capacities for airborne particulates of landscape plants in different polluted regions in Beijing (China) [J]. International Journal of Environmental Research and Public Health, 12 (8): 9623-9638.

RICHARDS K R, STOKES C, 2004. A review of forest carbon sequestration cost studies: A dozen years of research[J]. Climatic Change, 63 (1-2): 1-48.

附　表

表1　联合国政府间气候变化专门委员会（IPCC）推荐使用的生物量转换因子（BEF）

编号	a	b	森林类型	R^2	备注
1	0.46	47.50	冷杉、云杉	0.98	针叶树种
2	1.07	10.24	桦类	0.70	阔叶树种
3	0.48	30.60	杨树	0.87	阔叶树种
4	0.40	22.54	杉木	0.95	针叶树种
5	1.15	8.55	蒙古栎	0.98	阔叶树种
6	0.61	33.81	兴安落叶松	0.82	针叶树种
7	1.04	8.06	樟木、楠木、槠、青冈	0.89	阔叶树种
8	0.81	18.47	针阔混交林	0.99	混交树种
9	0.63	91.00	櫟树落叶阔叶混交林	0.86	混交树种
10	1.09	2.00	樟子松	0.98	针叶树种
11	0.59	18.74	华山松	0.91	针叶树种

注：资料引自Fang等（2001）；生物量转换因子计算公式为$B=aV+b$，其中B为单位面积生物量；V为单位面积蓄积量；a、b为常数；R^2为相关系数。

表2　不同树种组单木生物量模型及参数

序号	公式	树种组	建模样本数	模型参数 a	模型参数 b
1	$B/V=a(D^2H)^b$	杉木类	50	0.788432	−0.069959
2	$B/V=a(D^2H)^b$	硬阔叶类	51	0.834279	−0.017832
3	$B/V=a(D^2H)^b$	软阔叶类	29	0.471235	0.018332
4	$B/V=a(D^2H)^b$	红松	23	0.390374	0.017299
5	$B/V=a(D^2H)^b$	云冷杉	51	0.844234	−0.060296
6	$B/V=a(D^2H)^b$	兴安落叶松	99	1.121615	−0.087122
7	$B/V=a(D^2H)^b$	胡桃楸、黄波罗	42	0.920996	−0.064294

注：资料引自李海奎和雷渊才（2010）。

附 件

植绿正当时，习近平强调绿色发展是我国发展的重大战略

4月4日，中共中央总书记、国家主席、中央军委主席习近平在参加首都义务植树活动时强调，当前和今后一个时期，绿色发展是我国发展的重大战略。人民网邀请专家进行解读。

> 4月4日，党和国家领导人习近平、李强、赵乐际、王沪宁、蔡奇、丁薛祥、李希、韩正等冒雨来到北京市朝阳东坝中心公园参加首都义务植树活动。这是习近平同大家一起植树。
>
> 当前和今后一个时期，绿色发展是我国发展的重大战略。开展全民义务植树是推进国土绿化、建设美丽中国的生动实践。各地区各部门都要结合实际，组织开展义务植物。要创新组织方式、丰富尽责形式，为广大公众参与义务植树提供更多便利，实现"全年尽责、多样尽责、方便尽责"。让我们积极行动起来，从种树开始，种出属于大家的绿水青山和金山银山，绘出美丽中国的更新画卷。
>
> ——2023年4月4日，习近平在参加首都义务植树活动时强调

专家解读

王兵
中国林业科学研究院研究员、博士生导师

4月4日，习近平总书记在植树时强调"绿色发展是我国发展的重大战略"。这个重大战略任务的实施，要求我们为"三生空间"注入更多绿色活力——

为"生产空间"增添更浓重的绿意。低碳排放、减少污染，逐步实现产业生态化，通过生态产业化实现"生产空间"的全面绿化。

为"生活空间"增添更多生态福祉。要让绿色成为"生活空间"的底色，通过提

供更多优质生态产品，不断满足人民日益增长的优美生态环境需要。

为"生态空间"增添更多生机活力。发挥森林作为水库、粮库、钱库、碳库的作用，将其转化为金山银山的压舱石和永恒底色，让森林全口径碳汇功能在"双碳"工作中大放异彩，以绿色发展擘画中国式现代化美好图景。

来源：人民日报、新华社

保护好来之不易的草原、森林，习近平强调坚持系统理念

2023年6月5日至6日，中共中央总书记、国家主席、中央军委主席习近平在内蒙古自治区巴彦淖尔市考察，主持召开加强荒漠化综合防治和推进三北等重点生态工程建设座谈会并发表重要讲话。

> 要坚持系统观念，扎实推进山水林田湖草沙一体化保护和系统治理。要统筹森林、草原、湿地、荒漠生态保护修复，加强治沙、治水、治山全要素协调和管理，着力培育健康稳定、功能完备的森林、草原、湿地、荒漠生态系统。要强化区域联防联治，打破行政区域界限，实行沙漠边缘和腹地、上风口和下风口、沙源区和路径区统筹谋划，构建点线面结合的生态防护网络。要优化农林牧土地利用结构，严格实施国土空间用途管控，留足必要的生态空间，保护好来之不易的草原、森林。
>
> ——2023年6月6日，习近平在加强荒漠化综合防治和推进三北等重点生态工程建设座谈会上的讲话

专家解读

王兵

中国林业科学研究院研究员、博士生导师

三北工程建设影响着东北林草交错生态脆弱区、北方农牧交错生态脆弱区、西北荒漠绿洲交接生态脆弱区的保护，因此必须坚持系统观念，以水定绿，扎实推进山水林田湖草沙一体化保护和系统治理——

在东北林草交错生态脆弱区，要大力提升其生态系统的质量和稳定性，进而全力打好荒漠化土地治理歼灭战；在北方农牧交错生态脆弱区，要坚持"宜林则林、宜牧则牧，打赢防沙治沙攻坚战；在西北荒漠绿洲交接生态脆弱区，要提升水源涵养能力，打好防沙治沙阻击战。

因地制宜，分区施策，以系统治理的方式共同筑牢生态安全屏障。

来源：人民日报、新华社

中国林业产业联合会生态产品监测评估与价值实现专业委员会上的讲话

王兵

各位领导、嘉宾、学术同行大家好！

感谢中国林业产业联合会对专委会的支持，感谢以尹伟伦院士为首的特聘专家队伍对专委会的帮助，也感谢专委会全体会员共同的努力和付出。

2021年4月，中共中央办公厅、国务院办公厅印发《关于建立健全生态产品价值实现机制的意见》，我们就向中国林业产业联合会申请成立生态产品分会，该申请得到了中国林业产业联合会封加平会长的大力支持和高度肯定。在封加平会长的支持下，以及中国林业产业联合会相关部门的关心和帮助下，中国林业产业联合会生态产品监测评估与价值实现专业委员会在今天正式成立。

首先，对我个人而言，这是一个天大的喜事。因为一个人的职业生涯是有限的，在我即将到达60岁甲子的年龄，以一个理事长的身份面对大家，我特别的高兴。其次，对专委会的全体同行、团队站友，我们得到了一个更高的展示平台。在这样的高度上，专委会要对中国的林业产业作一些贡献，我想在座的各位同仁也是同样的想法。第三，中国林业产业联合会现在的组织架构已经从原来传统的第一产业——种植业，第二产业——林木加工业，第三产业——林草旅游业，转变为涵盖第四产业——生态产品产业全新完整的产业链。

专委会成立的目的是精准量化绿水青山到底值多少金山银山，精准量化林草湿构成的生态空间，其绿色"水库"的库容有多少？中和二氧化碳的碳中和能力是多少？生物多样性保育价值的"基因库"又是多大？以及林草湿生态系统的生态康养功能，对社会又有多少价值？这是专委会成立的第一项工作。只知道是多少还不够，接下来专委会还要努力打通林草湿生态产品价值化实现的路径。按照中共中央办公厅、国务院办公厅的文件要求，生态产品价值化路径要把其监测、评估、开发、补偿、保障和推进这6大路径打通。专委会现在有底气更有信心的原因，是因为基于中国森林生态系统定位研究网络这个平台，已拥有近百个野外科学观测研究站，已经在国内外处于生态产品监测的一个领先的地位。同时，在生态产品评估方面，依托生态产品价值评估规范的国家标准《森林生态系统服务功能评估规范》（GB/

---

* 王兵，研究员，博士生导师，中国林业科学研究院森林生态环境与自然保护研究所首席专家，国家陆地生态系统定位观测研究站森林生态站专业组组长、中国林业产业联合会生态产品监测评估与价值实现专委会理事长。

T 38582—2020），以及出版发布的国家评估报告，特别是天然林保护工程的效益监测，退耕还林工程的效益监测，中国森林资源绿色核算的国家报告，和国家林草生态综合监测白皮书等成果作为专委会团队的技术支撑和底气来源，因此在评估方面，专委会已处于国内外先进行列。有了监测和评估两个机制的加持和保障，现在专委会也有信心把中国林草湿生态产品的价值实现路径找到并向前推进，突破生态产品"交易难、变现难、抵押难"的瓶颈。

专委会之所以这么有信心，是因为我看到了一个成功的范例，此时此刻，我们站在"雪如意"顶峰会议室，透过大楼的窗，就可以看到崇礼太子城的绿水青山，通过2022年冬奥会的引领，现在已经逐步转化成金山银山。通过监测、评估和生态产品价值实现，崇礼太子城的冰天雪地，将有更大的空间变成金山银山，这也是专委会树立的一个目标。

天赐良机，让我们在对的时间、对的地点成立了专委会。之后是天道酬勤，因为专委会有了生态产品监测评估的系列国家标准《森林生态系统长期定位观测方法》(GB/T 33027—2016)、《森林生态系统长期定位观测指标体系》(GB/T 35377—2017)、《森林生态系统服务功能评估规范》(GB/T 38582—2020)以及《森林生态系统长期定位观测研究站建设规范》(GB/T 40053—2021)，以及系列国家报告和"十四五"时期国家重点出版物出版专项规划项目"中国山水林田湖草生态产品监测评估及绿色核算"系列丛书的加持，专委会的天道酬勤必将有一个好的结果。天赐良机和天道酬勤之后，就会天降恩惠。我此时仿佛和在座的各位一起看到了我们林草湿生态产品带给人类的福祉和贡献。我眼前仿佛出现了一幅美好的生态画卷，我好像听到了林草的漫歌、江河的心跳、土壤的呼吸、种子的心声、天空的呢喃、森林的脚步、飞鸟的啼鸣，这些万物共生的生态产品正在为全社会的人类带来福祉，也为专委会推动生态产品价值化也带来了各种机遇。

我保证，将带领专委会的各位同仁一起努力，把专委会工作搞得更好，不辜负封加平会长和尹伟伦院士，以及各位专家、领导们的期望和厚爱，谢谢大家！

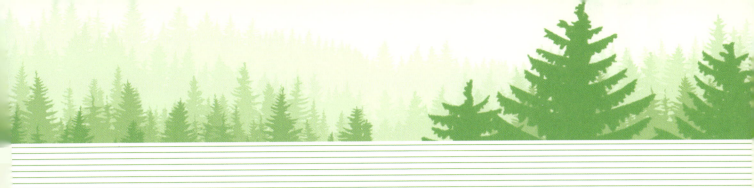

"中国山水林田湖草生态产品监测评估及绿色核算"系列丛书目录*

1. 安徽省森林生态连清与生态系统服务研究，出版时间：2016年3月
2. 吉林省森林生态连清与生态系统服务研究，出版时间：2016年7月
3. 黑龙江省森林生态连清与生态系统服务研究，出版时间：2016年12月
4. 上海市森林生态连清体系监测布局与网络建设研究，出版时间：2016年12月
5. 山东省济南市森林与湿地生态系统服务功能研究，出版时间：2017年3月
6. 吉林省白石山林业局森林生态系统服务功能研究，出版时间：2017年6月
7. 宁夏贺兰山国家级自然保护区森林生态系统服务功能评估，出版时间：2017年7月
8. 陕西省森林与湿地生态系统治污减霾功能研究，出版时间：2018年1月
9. 上海市森林生态连清与生态系统服务研究，出版时间：2018年3月
10. 辽宁省生态公益林资源现状及生态系统服务功能研究，出版时间：2018年10月
11. 森林生态学方法论，出版时间：2018年12月
12. 内蒙古呼伦贝尔市森林生态系统服务功能及价值研究，出版时间：2019年7月
13. 山西省森林生态连清与生态系统服务功能研究，出版时间：2019年7月
14. 山西省直国有林森林生态系统服务功能研究，出版时间：2019年7月
15. 内蒙古大兴安岭重点国有林管理局森林与湿地生态系统服务功能研究与价值评估，出版时间：2020年4月
16. 山东省淄博市原山林场森林生态系统服务功能及价值研究，出版时间：2020年4月
17. 广东省林业生态连清体系网络布局与监测实践，出版时间：2020年6月
18. 森林氧吧监测与生态康养研究——以黑河五大连池风景区为例，出版时间：2020年7月
19. 辽宁省森林、湿地、草地生态系统服务功能评估，出版时间：2020年7月

* 本套丛书中1～20种原丛书名为"中国森林生态系统连续观测与清查及绿色核算"系列丛书

20. 贵州省森林生态连清监测网络构建与生态系统服务功能研究，出版时间：2020年12月

21. 云南省林草资源生态连清体系监测布局与建设规划，出版时间：2021年8月

22. 云南省昆明市海口林场森林生态系统服务功能研究，出版时间：2021年9月

23. "互联网＋生态站"：理论创新与跨界实践，出版时间：2021年11月

24. 东北地区森林生态连清技术理论与实践，出版时间：2021年11月

25. 天然林保护修复生态监测区划和布局研究，出版时间：2022年2月

26. 湖南省森林生态产品绿色核算，出版时间：2022年4月

27. 国家退耕还林工程生态监测区划和布局研究，出版时间：2022年5月

28. 河北省秦皇岛市森林生态产品绿色核算与碳中和评估，出版时间：2022年6月

29. 内蒙古森工集团生态产品绿色核算与森林碳中和评估，出版时间：2022年9月

30. 黑河市生态空间绿色核算与生态产品价值评估，出版时间：2022年11月

31. 内蒙古呼伦贝尔市生态空间绿色核算与碳中和研究，出版时间：2022年12月

32. 河北太行山森林生态站野外长期观测数据集，出版时间：2023年4月

33. 黑龙江嫩江源森林生态站野外长期观测和研究，出版时间：2023年7月

34. 贵州麻阳河国家级自然保护区森林生态产品绿色核算，出版时间：2023年10月

35. 江西马头山森林生态站野外长期观测数据集，出版时间：2023年12月

36. 河北省张承地区森林生态产品绿色核算与碳中和评估，出版时间：2024年1月

37. 内蒙古通辽市生态空间绿色核算与碳中和研究，出版时间：2024年1月

38. 江西省资溪县生态空间绿色核算与碳中和研究，出版时间：2024年7月